"十四五" 职业教育国家规划教材 修订版

"十三五" 职业教育国家规划教材

机 械 制 图

第 2 版

主 编 胡建生
参 编 白雪清 周福静
主 审 史彦敏

机 械 工 业 出 版 社

本书是"十四五"职业教育国家规划教材《机械制图》修订版，是为落实国务院《国家职业教育改革实施方案》、教育部《职业院校教材管理办法》等一系列文件精神，考虑中职学生的特点，按照立体化教材建设思路编写的。本书配套资源丰富、实用，包括两种版本的《（中职2版）机械制图教学软件》，免费供任课教师使用。教学软件的内容与本书实现无缝对接。教学软件文件夹中包括所有习题答案的二维码、电子教案、两套 Word 格式的模拟试卷、试卷答案及评分标准等，是名副其实的立体化制图教材。凡在 2022 年 10 月前实施的制图国家标准，全部在本书中予以贯彻。

凡使用本书作为教材的教师，均可登录机械工业出版社教育服务网（http://www.cmpedu.com）免费下载本书的配套资源。咨询电话：010-88379375。

本书按 72~128 学时编写，适用于中职学校、职业高中、技工学校等工科近机类、非机类各专业的机械制图课教学。

图书在版编目（CIP）数据

机械制图/胡建生主编. —2 版（修订版）. —北京：机械工业出版社，
2023.7（2024.6 重印）

"十三五"职业教育国家规划教材

ISBN 978-7-111-73120-7

Ⅰ.①机… Ⅱ.①胡… Ⅲ.①机械制图-职业教育-教材 Ⅳ.①TH126

中国国家版本馆 CIP 数据核字（2023）第 077508 号

机械工业出版社（北京市百万庄大街 22 号 邮政编码 100037）
策划编辑：王莉娜 责任编辑：王莉娜
责任校对：张晓蓉 赵文婕 封面设计：鞠 杨
责任印制：单爱军
保定市中画美凯印刷有限公司印刷
2024 年 6 月第 2 版第 5 次印刷
210mm×285mm · 12.75 印张 · 279 千字
标准书号：ISBN 978-7-111-73120-7
定价：48.00 元

电话服务 网络服务
客服电话：010-88361066 机 工 官 网：www.cmpbook.com
　　　　　010-88379833 机 工 官 博：weibo.com/cmp1952
　　　　　010-68326294 金 书 网：www.golden-book.com
封底无防伪标均为盗版 机工教育服务网：www.cmpedu.com

关于"十四五"职业教育国家规划教材的出版说明

为贯彻落实《中共中央关于认真学习宣传贯彻党的二十大精神的决定》《习近平新时代中国特色社会主义思想进课程教材指南》《职业院校教材管理办法》等文件精神,机械工业出版社与教材编写团队一道,认真执行思政内容进教材、进课堂、进头脑要求,尊重教育规律,遵循学科特点,对教材内容进行了更新,着力落实以下要求:

1. 提升教材铸魂育人功能,培育、践行社会主义核心价值观,教育引导学生树立共产主义远大理想和中国特色社会主义共同理想,坚定"四个自信",厚植爱国主义情怀,把爱国情、强国志、报国行自觉融入建设社会主义现代化强国、实现中华民族伟大复兴的奋斗之中。同时,弘扬中华优秀传统文化,深入开展宪法法治教育。

2. 注重科学思维方法训练和科学伦理教育,培养学生探索未知、追求真理、勇攀科学高峰的责任感和使命感;强化学生工程伦理教育,培养学生精益求精的大国工匠精神,激发学生科技报国的家国情怀和使命担当。加快构建中国特色哲学社会科学学科体系、学术体系、话语体系。帮助学生了解相关专业和行业领域的国家战略、法律法规和相关政策,引导学生深入社会实践、关注现实问题,培育学生经世济民、诚信服务、德法兼修的职业素养。

3. 教育引导学生深刻理解并自觉实践各行业的职业精神、职业规范,增强职业责任感,培养遵纪守法、爱岗敬业、无私奉献、诚实守信、公道办事、开拓创新的职业品格和行为习惯。

在此基础上,及时更新教材知识内容,体现产业发展的新技术、新工艺、新规范、新标准。加强教材数字化建设,丰富配套资源,形成可听、可视、可练、可互动的融媒体教材。

教材建设需要各方的共同努力,也欢迎相关教材使用院校的师生及时反馈意见和建议,我们将认真组织力量进行研究,在后续重印及再版时吸纳改进,不断推动高质量教材出版。

机械工业出版社

前　言

本书第 1 版为"十四五"职业教育国家规划教材，第 2 版是在此基础上，为深入落实国务院《国家职业教育改革实施方案》（即"职教 20 条"）、教育部《职业院校教材管理办法》、党的二十大报告等一系列文件精神，本着精益求精的原则，以进一步提升教材质量为目的编写的。同时，编写了《机械制图习题集》第 2 版，与本书配套使用。

一、本版修订的主要内容

1）按国家标准规定编写中职教科书。2022 年 3 月 1 日开始实施的强制性国家标准《儿童青少年学习用品近视防控卫生要求》（GB 40070—2021），将中等职业学校教科书列入其适用范围。本版修订严格执行标准规定，扩大了教材版本（大 16 开），增大了正文和图中文字的字号，适当增大了插图幅面，有利于保护中职学生的视力。

2）增加素质教育内容。为扎实推进习近平新时代中国特色社会主义思想进课程教材，落实立德树人根本任务，在每章末添加"素养提升"环节，充分发挥教材铸魂育人的功能。

3）充分考虑中职学生的知识基础和学习特点。在编写过程中，融入了编者丰富的教学实践和写作经验，教材富有新意，特色鲜明：语言简明，通俗易读：以例代理、以图代理，比较适合中职教育的特点；以体为主、从体入手、形象直观，更贴近工程实际。

4）更新国家标准。凡在 2022 年 10 月前颁布实施的国家标准，全部在本书和配套习题集中予以贯彻，充分体现了本书的先进性。

5）进一步丰富数字化教学资源。对本书及配套习题集的教学资源做了较大改动。

① 增设微课。对教材中不易理解的一些例题或图例，配置了 101 个三维实体模型。调整了二维码内容，将其改为 97 节微课。通过扫描教材中的二维码，学生即可看到微课的内容，有利于学生预习和理解课堂上讲授的内容，使二维码成为助学工具。

② 修改教学软件。根据任课教师的建议，重新制作了《机械制图教学软件》，更改了字体，加大了字号，阅读起来更清晰。

③ 为配套习题集配置三种形式的习题答案。为方便教与学，为习题集配置以下三种答案：

a. 教师备课用习题答案。为便于教师备课，提供一整套 PDF 格式的习题答案。

b. 教师讲解习题用答案。根据不同题型，将所有习题的答案，处理成单独答案、包含解题步骤的答案、增加配置（三维模型、轴测图、动画演示共计 157 个）等多种形式，按章节链接在教学软件中，教师在课堂教学中可随机打开某一道题的答案，结合三维模型进行讲解、答疑。

c. 学生参考用习题答案。习题集约包含 365 道题，每道题至少对应一个二维码，共配有

521 个二维码，其中 156 个为类似微课讲解的二维码（即一题双码）。二维码交由任课教师掌控。教师可根据教学的实际状况，将某道题的二维码发送给任课班级的群或某个学生，学生扫描二维码才可看到解题步骤或答案，以减轻学生的学习负担。

二、丰富实用的配套资源

本书配套资源丰富、实用，包括两个版本的教学软件，即《（中职 2 版）机械制图教学软件（CAXA 版）》和《（中职 2 版）机械制图教学软件（中望 CAD 版）》。由于中望机械 CAD 与 AutoCAD 全面兼容，使用 AutoCAD 的教师下载《（中职 2 版）机械制图教学软件（中望 CAD 版）》，即可无障碍使用；三种形式的习题答案；所有习题答案的二维码；将《（中职 2 版）机械制图教学软件》PDF 格式的全部内容作为电子教案；两套 Word 格式的模拟试卷、试卷答案及评分标准。教学软件是助教工具，免费提供给任课教师使用。教学软件是根据讲课思路设计的，其内容与本书无缝对接，完全可以替代教学模型和挂图，彻底摒弃传统的教学模式，大大提高讲课效率和教学效果。教学软件具备以下主要功能：

1）"死图"变"活图"。将书中的平面图形，按 1∶1 的比例建立精确的三维实体模型。通过 eDrawings 公共平台，可实现三维实体模型不同角度的观看，六个基本视图和轴测图之间的转换，三维实体模型的剖切，三维实体模型和线条图之间的转换，装配体的爆炸、装配、运动仿真、透明显示等功能，将本书中的"死图"变成了可由人工控制的"活图"。

2）调用绘图软件边讲边画，实现师生互动。对本书中需要讲解的例题，已预先链接在教学软件中。任课教师可根据自己的实际情况，选择不同版本的教学软件，可边讲、边画，进行正确与错误的对比分析等，在课堂上实现师生互动，让学生在课堂活动中探索，在课堂活动中感悟，激发学生的学习热情。

3）讲解习题。所有题目全部配有参考答案，采用多种形式，按章链接在教学软件中，任课教师可在课堂上任选某道题进行讲解、答疑，可大大减轻任课教师的教学负担。

4）直接调阅教材附录。将教材中的附录按项分解，分别链接在教学软件的相关部位，任课教师可直观地带领学生查阅教材附录。

本书由胡建生教授任主编并统稿。参加编写的有：胡建生（编写绪论、第一章、第二章、第三章、第四章）、周福静（编写第五章、第六章）、白雪清（编写第七章、第八章及附录）。《（中职 2 版）机械制图教学软件》由胡建生、白雪清、周福静设计制作。

本书由史彦敏教授主审。参加审稿的还有王春华副教授、汪正俊副教授、刘胜永副教授。参加审稿的各位专家对书稿提出了许多宝贵的修改意见和建议，在此，对各位专家表示衷心的感谢。

欢迎任课教师和读者批评指正，并将意见或建议反馈给我们（主编 QQ：1075185975；责任编辑 QQ：945686378）。

编　者

目　　录

前言

绪论 ………………………………………… 1

第一章　制图的基本知识和技能 ………… 3
第一节　制图国家标准简介 ……………… 3
第二节　尺寸注法 ………………………… 11
第三节　几何作图 ………………………… 15
第四节　平面图形分析及作图 …………… 23
第五节　常用绘图工具的使用方法 ……… 26
第六节　徒手画图的方法 ………………… 28
素养提升 ……………………………………… 30

第二章　投影基础 …………………………… 31
第一节　投影法和视图的基本概念 ……… 31
第二节　三视图的形成及其对应关系 …… 34
第三节　几何体的投影 …………………… 38
第四节　几何体的尺寸注法 ……………… 51
素养提升 ……………………………………… 53

第三章　组合体 ……………………………… 54
第一节　组合体的形体分析 ……………… 54
第二节　组合体三视图的画法 …………… 59
第三节　组合体的尺寸注法 ……………… 62
第四节　看组合体视图的方法 …………… 67
素养提升 ……………………………………… 75

第四章　轴测图 ……………………………… 76
第一节　轴测图的基本知识 ……………… 76
第二节　正等轴测图 ……………………… 78
第三节　斜二等轴测图简介 ……………… 86
第四节　轴测图的尺寸注法 ……………… 90
素养提升 ……………………………………… 91

第五章　图样的基本表示法 ………………… 92
第一节　视图 ……………………………… 92
第二节　剖视图 …………………………… 97
第三节　断面图 …………………………… 109

第四节　局部放大图和简化画法 ………… 111
第五节　第三角画法简介 ………………… 115
素养提升 ……………………………………… 119

第六章　图样中的特殊表示法 …………… 120
第一节　螺纹 ……………………………… 120
第二节　螺纹紧固件 ……………………… 128
第三节　直齿圆柱齿轮 …………………… 131
第四节　键联结和销联接 ………………… 135
第五节　滚动轴承 ………………………… 136
第六节　圆柱螺旋压缩弹簧 ……………… 139
素养提升 ……………………………………… 141

第七章　零件图 …………………………… 142
第一节　零件图的作用和内容 …………… 142
第二节　典型零件的表达方法 …………… 144
第三节　零件图的尺寸标注 ……………… 147
第四节　零件图上技术要求的注写 ……… 151
第五节　零件上常见的工艺结构 ………… 162
第六节　读零件图 ………………………… 164
第七节　零件测绘 ………………………… 166
素养提升 ……………………………………… 170

第八章　装配图 …………………………… 171
第一节　装配图的表达方法 ……………… 171
第二节　装配图的尺寸标注、技术要求及
　　　　零件编号 ………………………… 175
第三节　装配结构简介 …………………… 176
第四节　读装配图 ………………………… 179
素养提升 ……………………………………… 182

附录 ………………………………………… 183
附录A　螺纹 ……………………………… 183
附录B　常用的标准件 …………………… 184
附录C　极限与配合 ……………………… 189

参考文献 …………………………………… 196

绪　　论

一、图样及其作用

根据投影原理、标准或有关规定，表示工程对象，并有必要的技术说明的图，称为图样。

在人类的近代生产活动中，无论是机器的设计、制造、维修，还是机电、冶金、化工、航空航天、汽车、船舶、桥梁、土木建筑等工程的设计与施工，都必须依赖图样才能进行。图样是人类表达和交流技术思想的重要工具，被喻为工程技术界的"语言"。

二、本课程的主要任务

"机械制图"课是中等职业学校工科各专业的一门主要的技术基础课程，是研究机械图样的识读和绘制规律的一门学科。本课程可以启发学生的科学思维，培养学生的责任意识、使命意识和道德意识，激发学生传承精益求精的工匠精神，调动学生的科学创新精神，激发学生科技报国的家国情怀和使命担当。其主要任务是：

1）使学生掌握机械制图的基本知识，获得读图和绘图的初步能力，培养严谨务实、精益求精、甘于奉献的工匠精神，为学生进入更高层次学习奠定基础。

2）培养学生分析问题和解决问题的能力，使其形成良好的学习习惯，具备继续学习专业技术的能力。

3）对学生进行职业意识培养和职业道德教育，使其形成严谨、敬业的工作作风，为今后解决生产实际问题和职业生涯的发展奠定基础。

三、本课程的教学目标

1）学习和执行制图国家标准及相关行业标准的基本规定，强化标准化和规范化的训练，培养严谨务实的工作作风。学会正确使用绘图工具和仪器的方法，掌握手工绘图的基本技能。

2）掌握正投影法的基本原理和作图方法，能绘制简单的零件图，识读中等复杂程度的零件图和简单的装配图，为学习计算机绘图打好基础。

3）培养空间想象和思维能力，形成由平面图形想象物体、以图形表现物体的意识和能力，培养分析问题、解决问题的科学思维方法，养成规范的制图习惯。

4）培养团队合作与交流的能力，以及良好的职业道德和职业情感，提高适应职业变化的能力。

四、学习本课程的注意事项

机械制图是一门既有理论又注重实践的技术基础课程，学习时应注意以下几点。

1）本课程的核心内容是学习如何用二维平面图形来表达三维空间物体（画图），以及由二维平面图形想象三维空间物体的形状（读图）。在听课和复习过程中，要重点掌握正投影法的基本理论和基本方法，不断地"照物画图"和"依图想物"，切忌死记硬背。只有通过循序渐进的练习，才能不断提高空间思维能力和表达能力。

2）本课程的实践性较强。因此，课后及时完成相应的习题或作业，是学好本课程的重要环节。只有通过大量的实践，才能不断提高画图与读图能力，掌握绘图的技巧。

3）要重视实践，树立理论联系实际的学风。在零件与装配体测绘阶段，应综合运用基础理论，表达和识读零件与装配体。既要用理论指导画图，又要通过画图实践加深对基础理论和作图方法的理解，以利于工程意识和工程素质的培养。

4）要重视学习并严格遵守技术制图和机械制图国家标准的相关内容，对常用的标准应该牢记并能熟练地运用。

第一章 制图的基本知识和技能

知识目标
- 熟悉国家标准《技术制图》与《机械制图》的基本规定。
- 掌握常用的几何作图方法及简单平面图形的画法。
- 基本掌握手工绘图技术，能正确地使用绘图仪器与工具绘制尺规图和草图。

你亲眼见过机械加工的实况吗？如果你见过，那你就应该会问，工人师傅是根据什么进行机械加工的？答案是：机械图样（俗称图纸）。如图 1-1 所示，加工一个端盖，要根据端盖零件图的要求，在车床上完成主要加工工序。端盖零件图就是一张机械图样。机械图样是根据什么画出来的？告诉你吧：机械图样是按照制图国家标准的一系列要求绘制的。要想看懂和绘制机械图样，就必须了解国家标准的基本规定，为进一步深入学习打好基础。

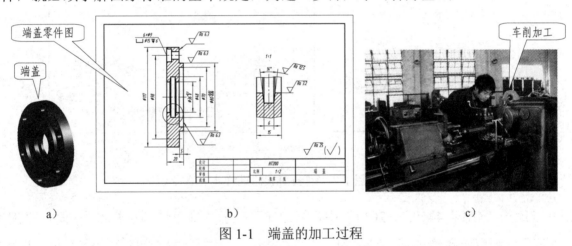

图 1-1 端盖的加工过程

第一节 制图国家标准简介

一、标准编号的含义

机械图样作为技术交流的共同语言，必须有统一的规范，否则会给生产和技术交流带来混乱。国家标准化管理委员会发布了《技术制图》和《机械制图》等一系列国家标准，对图样的内容、格式、表示法等做了统一规定。《技术制图》国家标准是一项基础技术标准，在内容上具有统一性和通用性，在制图标准体系中处于最高层次；《机械制图》国家标准是机械专业的制图标准。《技术制图》和《机械制图》国家标准是绘制机械图样的根本依据，工程技术人员必须严格遵守其有关规定。

图 1-2 所示的"白皮书"，就是与机械图样密切相关的技术制图国家标准和机械制图国家标准。它的全称是：

GB/T 14689—2008　技术制图　图纸幅面和格式

GB/T 4459.7—2017　机械制图　滚动轴承表示法

它的含义是什么？仔细看一下图1-2中的解释就知道了。《技术制图》和《机械制图》国家标准是图样绘制与使用的准绳，我们必须严格遵守其中的有关规定。本节简要介绍几个常用的国家标准。

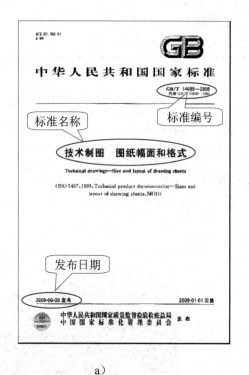
a)

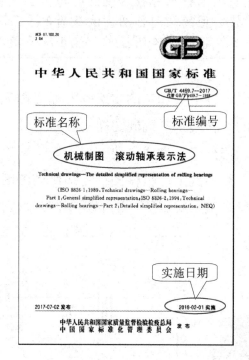
b)

图1-2　制图国家标准样本

在标准编号"GB/T 4459.7—2017"中，"GB/T"表示"推荐性国家标准"，简称"国标"。G是"国家"一词汉语拼音的第一个字母，B是"标准"一词汉语拼音的第一个字母，T是"推"字汉语拼音的第一个字母，"4459.7"表示标准的编号（其中4459为标准顺序号，后面的7表示本标准的第7部分），"2017"是该标准发布的年号。

二、图纸幅面和格式（GB/T 14689—2008）

1. 图纸幅面

图纸宽度与长度组成的图面，称为图纸幅面。基本幅面共有五种，其幅面代号由"A"和阿拉伯数字组成，即A0～A4，见表1-1。基本幅面的尺寸关系如图1-3所示，绘图时优先采用表1-1中的基本幅面。

幅面代号的几何含义，实际上就是对A0幅面的裁切次数。例如，A1中的"1"，表示将整张纸（A0幅面）的长边对裁一次所得的幅面，如图1-3b所示；A4中的"4"，表示将整张纸的长边对裁四次所得的幅面，如图1-3e所示（图1-3中的细虚线为裁切线）。

表 1-1　基本幅面　　　　　　　　　　　　　（单位：mm）

幅面代号	A0	A1	A2	A3	A4
（短边×长边）$B \times L$	841×1189	594×841	420×594	297×420	210×297
（无装订边的留边宽度）e	20			10	
（有装订边的留边宽度）c	10			5	
（装订边的宽度）a	25				

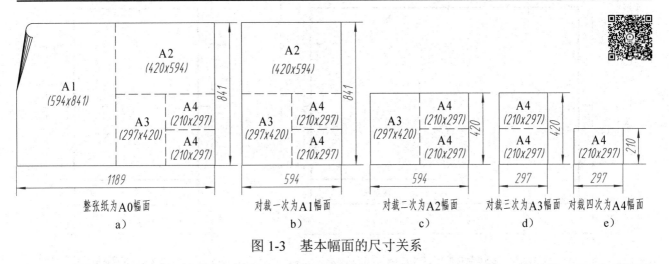

图 1-3　基本幅面的尺寸关系

> 提示：国家标准规定，机械图样中（包括技术要求和其他说明）的尺寸，以毫米为单位时，不需标注单位
> 符号（或名称）。如采用其他单位，则必须注明相应的单位符号。

必要时，允许选用加长幅面，但加长后幅面的尺寸，必须是由基本幅面的短边成整数倍增加后得出的。

2．图框格式

图框是图纸上限定绘图区域的线框，在图纸上必须用粗实线画出图框，其格式分为不留装

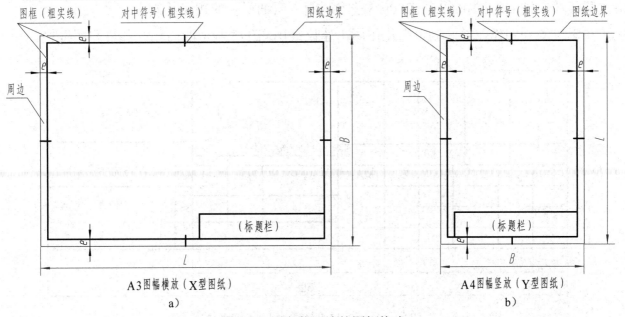

图 1-4　不留装订边的图框格式

订边和留装订边两种。不留装订边的图纸，其图框格式如图 1-4 所示，留装订边的图纸，其图框格式如图 1-5 所示。

基本幅面的图框及留边宽度 a、e、c 等尺寸，由表 1-1 中查得。随着计算机绘图技术的普及，<u>应优先采用不留装订边的格式</u>。

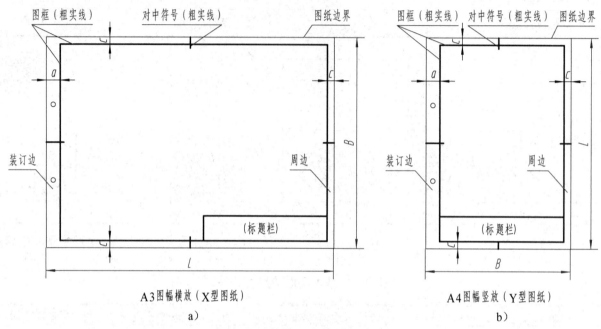

A3图幅横放（X型图纸）
a)

A4图幅竖放（Y型图纸）
b)

图 1-5　留装订边的图框格式

3．标题栏及方位

标题栏是由名称及代号区、签字区、更改区和其他区组成的栏目，在机械图样中必须画出。标题栏的内容、格式和尺寸应按 GB/T 10609.1—2008《技术制图　标题栏》的规定绘制，如图 1-6 所示。在装配图中应绘有明细栏。明细栏一般配置在装配图中标题栏的上方。明细栏的内容、格式和尺寸应按 GB/T 10609.2—2009《技术制图　明细栏》的规定绘制。

在学校的制图作业中，为了简化作图，建议采用图 1-7 所示的简化标题栏和明细栏。

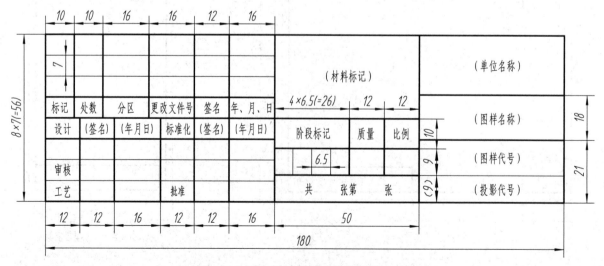

图 1-6　国家标准规定的标题栏格式

6

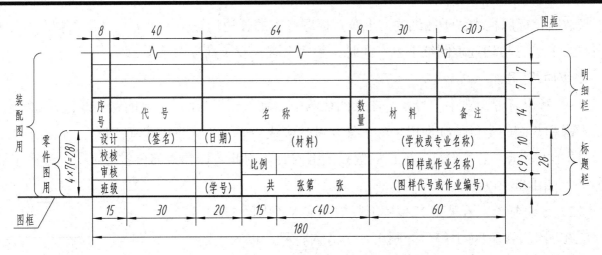

图 1-7　学校采用的简化标题栏和明细栏

> 提示：简化标题栏的格线粗细，应参照图 1-7 绘制。标题栏的外框是粗实线，其右侧和下方与图框重叠在一起；明细栏中除表头外，横格线是细实线，竖格线是粗实线。

基本幅面的看图方向规定之一　若标题栏的长边置于水平方向并与图纸的长边平行，则构成 X 型图纸，如图 1-4a、图 1-5a 所示；若标题栏的长边与图纸的长边垂直，则构成 Y 型图纸，如图 1-4b、图 1-5b 所示。在此情况下，标题栏一般应置于图样的右下角，看图方向与看标题栏的方向一致。

基本幅面的看图方向规定之二　为了利用预先印制的图纸，允许将 X 型图纸逆时针旋转 90°，其短边置于水平位置使用，如图 1-8a 所示；或将 Y 型图纸逆时针旋转 90°，其长边置于水平位置使用，如图 1-8b 所示。当 A4 图纸（Y 型）横放，其他基本幅面（A3～A0）的图纸（X

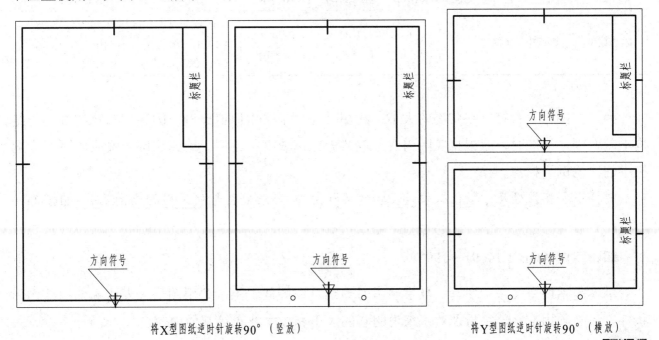

将X型图纸逆时针旋转90°（竖放）

a)

将Y型图纸逆时针旋转90°（横放）

b)

图 1-8　基本幅面的看图方向

型）竖放时，标题栏均位于图纸的右上角，标题栏中的长边均置于铅垂方向（字头朝左），画有方向符号的装订边均位于图纸下方。此时，按方向符号指示的方向看图。

4. 附加符号

（1）对中符号　对中符号是从图纸四边的中点画入图框内约 5mm 的粗实线段，通常作为缩微摄影和复制的定位基准标记。对中符号用粗实线绘制，线宽不小于 0.5mm，如图 1-4、图 1-5 和图 1-8 所示。当对中符号处在标题栏范围内时，则伸入标题栏部分省略不画，如图 1-4b、图 1-5b、图 1-8b 所示。

（2）方向符号　若采用 X 型图纸竖放（或 Y 型图纸横放）时，应在图纸下边的对中符号处画出一个方向符号，以表明绘图与看图时的方向，如图 1-8 所示。方向符号是用细实线绘制的等边三角形，其大小和所处的位置如图 1-9 所示。

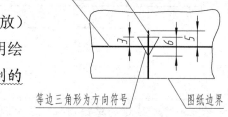

图 1-9　方向符号的画法

三、比例（GB/T 14690—1993）

图中图形与其实物相应要素的线性尺寸之比，称为比例。简单说来，就是"图∶物"。

绘制图样时，应由表 1-2 "优先选择系列" 中选取适当的绘图比例。必要时，也允许从表1-2 "允许选择系列" 中选取绘图比例。

表 1-2　比例系列

种 类	定 义	优先选择系列	允许选择系列
原值比例	比值为 1 的比例	1∶1	—
放大比例	比值大于 1 的比例	5∶1　2∶1 5×10^n∶1　2×10^n∶1　1×10^n∶1	4∶1　2.5∶1 4×10^n∶1　2.5×10^n∶1
缩小比例	比值小于 1 的比例	1∶2　　1∶5　　1∶10 $1∶2\times10^n$　$1∶5\times10^n$　$1∶1\times10^n$	1∶1.5　1∶2.5　1∶3　1∶4　1∶6 $1∶1.5\times10^n$　$1∶2.5\times10^n$　$1∶3\times10^n$ $1∶4\times10^n$　　$1∶6\times10^n$

注：n 为正整数。

为了在图样上直接反映实物的大小，绘图时应尽量采用原值比例。因各种实物的大小与结构千差万别，绘图时，应根据实际需要选取放大比例或缩小比例。绘图比例一般应填写在标题栏中的"比例"栏内。

图样中所标注的尺寸数值必须是实物的实际大小，与绘制图形所采用的比例无关，如图 1-10 所示。

四、字体（GB/T 14691—1993）

字体是指图中文字、字母、数字的书写形式。在图样上除了要用图形来表达零件的结构形状外，还必须用文字、字母及数字来说明它的大小和技术要求等其他内容。

1. 基本规定

1）字体高度代表字体的号数，用 h 表示。字体高度的公称尺寸系列为：1.8mm、2.5mm、

8

3.5mm、5mm、7mm、10mm、14mm、20mm。如需要书写更大的字，其字体高度应按 $\sqrt{2}$ 的比率递增。

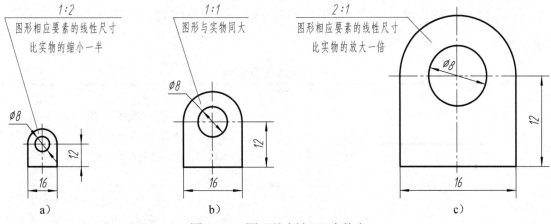

图 1-10　图形比例与尺寸数字

2）汉字应写成长仿宋体字，并应采用国家正式公布的简化字。汉字的高度 h 应不小于 3.5mm，字宽=$h/\sqrt{2}$。

3）字母和数字分 A 型和 B 型两种。A 型字体的笔画宽度 $d=h/14$，B 型字体的笔画宽度 $d=h/10$。在同一张图样上，只允许选用一种型式的字体。

4）字母和数字可写成直体或斜体。斜体字字头向右倾斜，与水平基准线成 75°。

> 提示：用计算机绘制机械图样时，汉字、数字、字母（除表示变量外）一般应以直体输出。

2．字体示例

汉字、数字和字母的示例，见表 1-3。

表 1-3　字体示例

字　体		示　例
长仿宋体汉字	5 号	学好机械制图，培养和发展空间想象能力
	3.5 号	计算机绘图是工程技术人员必须具备的技能之一
拉丁字母	大写	ABCDEFGHIJKLMNOPQRSTUVWXYZ *ABCDEFGHIJKLMNOPQRSTUVWXYZ*
	小写	abcdefghijklmnopqrstuvwxyz *abcdefghijklmnopqrstuvwxyz*
阿拉伯数字	直体	0123456789
	斜体	*0123456789*
字体应用示例		*10JS5(±0.003) M24-6h Ø35 R8 10^3 S^{-1} 5% D_1 T_d 380kPa m/kg* *$\phi 20^{+0.010}_{-0.023}$ $\phi 25 \frac{H6}{f5}$ $\frac{II}{1:2}$ $\frac{3}{5}$ $\frac{A}{5:1}$ $\sqrt{}$ Ra 6.3 460 r/min 220V l/mm*

五、图线（GB/T 4457.4—2002）

图中所采用各种型式的线，称为图线。国家标准 GB/T 4457.4—2002《机械制图　图样画法图线》规定了在机械图样中使用的九种图线，其名称、线型及线宽见表 1-4。图线的应用示例如图 1-11 所示。

表 1-4　线型及应用

名　称	线　型	线宽	一　般　应　用
粗实线	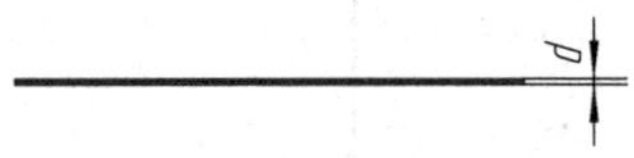	d	可见棱边线、可见轮廓线、相贯线、螺纹牙顶线、螺纹终止线、齿顶圆（线）、表格图和流程图中的主要表示线、系统结构线（金属结构工程）、模样分型线、剖切符号用线
细实线		$d/2$	过渡线、尺寸线、尺寸界线、指引线和基准线、剖面线、重合断面的轮廓线、短中心线、螺纹牙底线、尺寸线的起止线、表示平面的对角线、零件成形前的弯折线、范围线及分界线、重复要素表示线、锥形结构的基面位置线、叠片结构位置线、辅助线、不连续同一表面连线、成规律分布的相同要素连线、投射线、网格线
细虚线	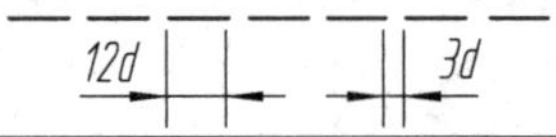 12d　3d	$d/2$	不可见棱边线、不可见轮廓线
细点画线	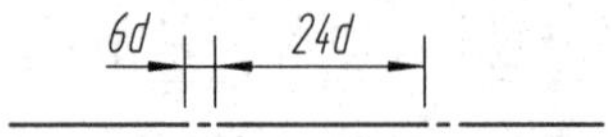 6d　24d	$d/2$	轴线、对称中心线、分度圆（线）、孔系分布的中心线、剖切线
波浪线		$d/2$	
双折线	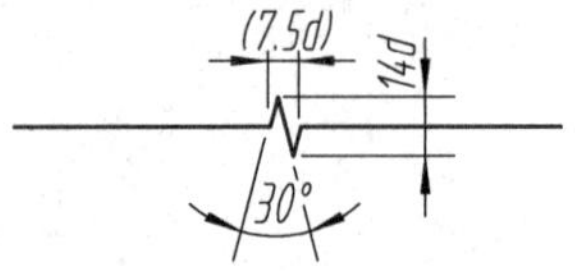 (7.5d)　14d　30°	$d/2$	断裂处边界线、视图与剖视图的分界线
粗虚线		d	允许表面处理的表示线
粗点画线		d	限定范围表示线
细双点画线	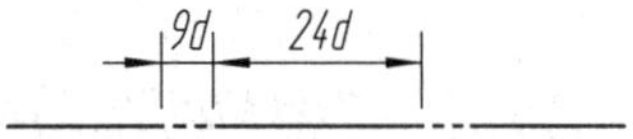 9d　24d	$d/2$	相邻辅助零件的轮廓线、可动零件的极限位置的轮廓线、重心线、成形前轮廓线、剖切面前的结构轮廓线、轨迹线、毛坯图中制成品的轮廓线、特定区域线、延伸公差带表示线、工艺用结构的轮廓线、中断线

机械图样中采用粗、细两种线宽，线宽的比例关系为 2:1。图线的宽度应按图样的类型和大小，在下列数系中选取：0.13mm、0.18mm、0.25mm、0.35mm、0.5mm、0.7mm、1.0mm、1.4mm、2mm。

粗实线（包括粗虚线、粗点画线）的宽度通常采用 0.7mm，与之对应的细实线（包括波浪线、双折线、细虚线、细点画线、细双点画线）的宽度为 0.35mm。

手工绘图时，同类图线的宽度应基本一致。细（粗）虚线、细（粗）点画线及细双点画线的线段长度和间隔应各自大致相等。

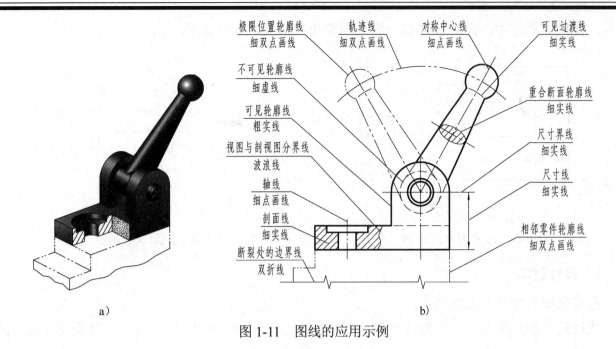

图 1-11 图线的应用示例

第二节 尺寸注法

在机械图样中，图形只能表达零件的结构形状，若要表达它的大小，则必须在图形上标注尺寸。尺寸是加工制造零件的主要依据，不允许出现错误。如果尺寸标注错误、不完整或不合理，将给机械加工带来困难，甚至会生产出废品而造成经济损失。

一、标注尺寸的基本规则（GB/T 4458.4—2003）

尺寸是用特定长度或角度单位表示的数值，并在技术图样上用图线、符号和技术要求表示出来。标注尺寸的基本规则如下：

1）零件的真实大小应以图样上所注的尺寸数值为依据，与图形大小及绘图的准确度无关。

2）图样中所标注的尺寸，为该图样所示零件的最后完工尺寸，否则应另加说明。

3）零件的每一尺寸，一般只标注一次，并应标注在反映该结构最清晰的图形上。

4）标注尺寸时，应尽可能使用符号或缩写词。常用的符号或缩写词见表 1-5。

表 1-5 常用的符号或缩写词

名　称	符号或缩写词	名　称	符号或缩写词	名　称	符号或缩写词
直　径	ϕ	厚　度	t	沉孔或锪平	⊔
半　径	R	正方形	□	埋头孔	∨
球直径	$S\phi$	45°倒角	C	均　布	EQS
球半径	SR	深　度	↧	弧　长	⌒

注：正方形、深度、沉孔或锪平、埋头孔、弧长等符号的线宽为 $h/10$，符号高度为 h（h 为图样中字体高度）。

二、尺寸的组成

每个完整的尺寸一般由尺寸数字、尺寸线和尺寸界线组成，通常称为尺寸三要素，如图 1-12

11

所示。在机械图样中，尺寸线终端一般采用箭头的形式，如图1-13所示。

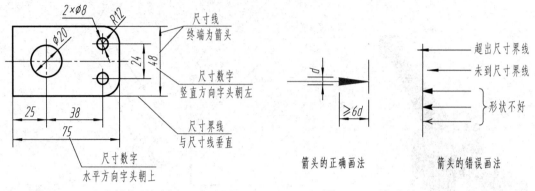

图1-12 尺寸的标注示例　　　　　　　图1-13 箭头的形式和画法

1. 尺寸数字

尺寸数字表示尺寸度量的大小。

线性尺寸的尺寸数字，一般注写在尺寸线的上方或左方，如图1-12所示。线性尺寸数字的方向：水平方向字头朝上，竖直方向字头朝左，倾斜方向字头保持朝上的趋势，并尽量避免在图1-14a所示的30°范围内标注尺寸。当无法避免时，可按图1-14b所示的形式标注。

尺寸数字不可被任何图线所通过，当不可避免时，图线必须断开，如图1-15所示。

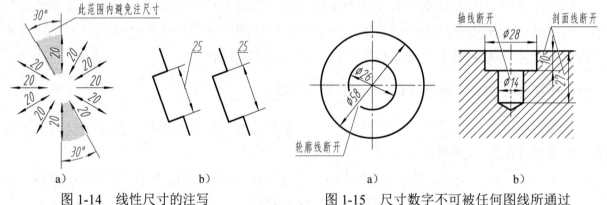

图1-14 线性尺寸的注写　　　　　　图1-15 尺寸数字不可被任何图线所通过

标注角度的尺寸界线应沿径向引出，尺寸线画成圆弧，其圆心为该角的顶点，半径取适当大小，标注角度的数字，一律写成水平方向，角度数字写在尺寸线的中断处，如图1-16a所示。必要时，允许注写在尺寸线的上方或外面（或引出标注），如图1-16b所示。

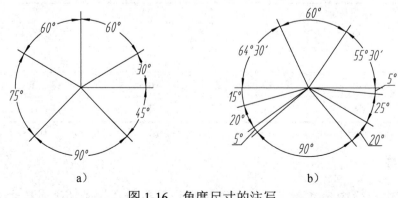

图1-16 角度尺寸的注写

2．尺寸线

尺寸线表示尺寸度量的方向。

尺寸线必须用细实线单独画出，不能用其他图线代替，也不得与其他图线重合或画在其延长线上。标注线性尺寸时，尺寸线必须与所标注的线段平行，如图 1-17a 所示。图 1-17b 是尺寸线错误画法的示例。

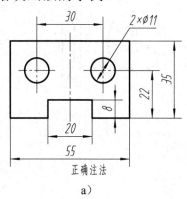 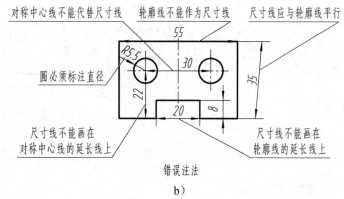

图 1-17　尺寸线的画法

3．尺寸界线

尺寸界线表示尺寸的度量范围。

尺寸界线一般用细实线单独绘制，并自图形的轮廓线、轴线或对称中心线引出。也可以利用轮廓线、轴线或对称中心线作为尺寸界线，如图 1-18a 所示。

尺寸界线一般应与尺寸线垂直，必要时允许倾斜。在光滑过渡处标注尺寸时，必须用细实线将轮廓线延长，从它们的交点处引出尺寸界线，如图 1-18b、c 所示。

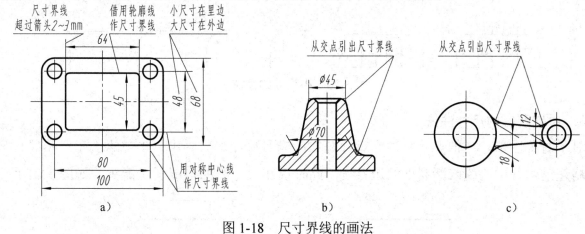

图 1-18　尺寸界线的画法

三、常用的尺寸注法

1．圆、圆弧及球面尺寸的注法

圆的直径和圆弧半径的尺寸线终端应画成箭头。

1）标注圆的直径时，以圆周为尺寸界线，尺寸线通过圆心，并在尺寸数字前加注直径符号"ϕ"，如图 1-19a、b 所示。标注大于半圆的圆弧直径，其尺寸线应画至略超过圆心，只在尺寸线一端画箭头指向圆弧，如图 1-19c 所示。

2）标注小于或等于半圆的圆弧半径时，尺寸线应自圆心出发引向圆弧，只画一个箭头，并在尺寸数字前加注半径符号"R"，如图1-19d所示。

3）标注球的直径时，在尺寸数字前加注球直径符号"Sφ"，如图1-19e所示。标注球面的半径时，在尺寸数字前加注球半径符号"SR"，如图1-19f所示。

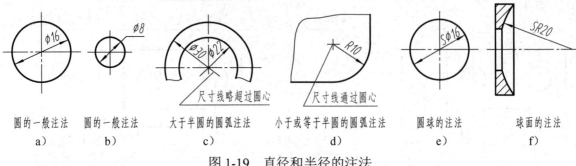

图1-19 直径和半径的注法

2. 小尺寸的注法

对于尺寸界线之间没有足够位置画箭头或注写尺寸数字的小尺寸，可按图1-20所示的形式进行标注。标注一连串的小尺寸时，可用小圆点代替箭头（代替箭头的圆点大小应与箭头尾部宽度相同），但最外两端箭头仍应画出。当直径或半径尺寸较小时，箭头和数字都可以布置在圆弧外面。

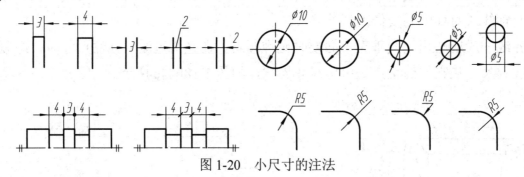

图1-20 小尺寸的注法

3. 对称图形的尺寸注法

对于对称图形，应把尺寸标注为对称分布；当对称图形只画出一半或略大于一半时，尺寸线应略超过对称中心线或断裂处的边界线，此时仅在尺寸线的一端画出箭头，如图1-21所示。

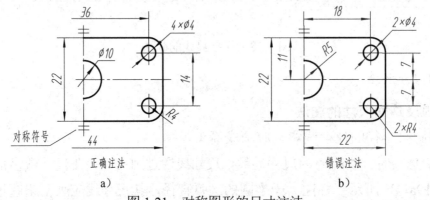

图1-21 对称图形的尺寸注法

14

4．弦长或弧长的尺寸注法

标注弦长或弧长时，其尺寸界线均应平行于该弦的垂直平分线（弧长的尺寸线画成圆弧），如图 1-22a、b 所示。当弧度较大时，也可沿径向引出标注，如图 1-22c 所示。

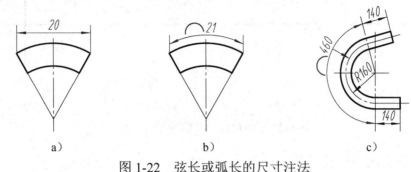

图 1-22　弦长或弧长的尺寸注法

5．简化注法

1）在同一图形中，对于尺寸相同的孔、槽等组成要素，可仅在一个要素上注出其尺寸和数量，并用缩写词"EQS"表示"均匀分布"，如图 1-23a 所示。当组成要素的定位和分布情况在图形中已明确时，可不标注其角度，并省略"EQS"，如图 1-23b 所示。

2）标注板状零件的厚度时，可在尺寸数字前加注厚度符号"t"，如图 1-24 所示。

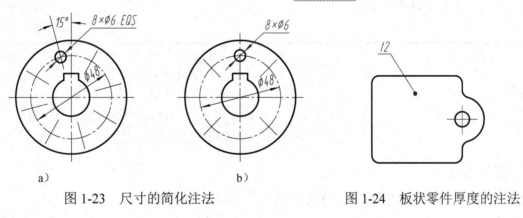

图 1-23　尺寸的简化注法　　　　　图 1-24　板状零件厚度的注法

第三节　几何作图

零件的轮廓形状基本上都是由直线、圆弧及其他平面曲线所组成的几何图形。掌握常见几何图形的作图方法，是保证绘图质量的重要技能之一。

一、等分作图

1．直线的等分

【例 1-1】　作直线 AB 的垂直平分线。

作图步骤

1）分别以直线的端点 A、B 为圆心，任取 R（$R > \dfrac{AB}{2}$）为半径，画两圆弧相交于点 M 和点 N，如图 1-25b、c 所示。

2）连接点 *M* 及点 *N*，即得所求的垂直平分线 *MN*，如图 1-25d 所示。

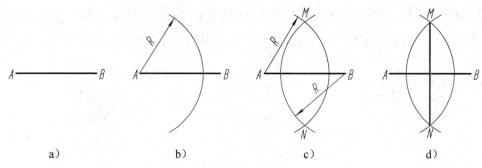

图 1-25　作直线 *AB* 的垂直平分线

【例 1-2】　将直线 *AB* 五等分。

作图步骤

1）过直线的端点 *A*（或 *B*）任意作一条辅助线 *AC*，如图 1-26b 所示。

2）在辅助线 *AC* 上，以任意长度为单位截取五个等分点，得 1、2、3、4、5 点，连接 *B5*，如图 1-26c 所示。

3）过辅助线 *AC* 上各等分点作 *B5* 的平行线与直线 *AB* 相交，其交点 1′、2′、3′、4′即为所求的等分点，如图 1-26d 所示。

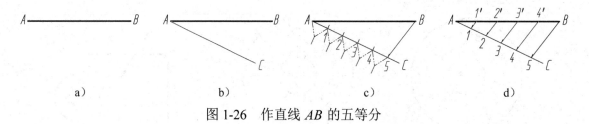

图 1-26　作直线 *AB* 的五等分

2．圆的等分

【例 1-3】　利用丁字尺、三角板作圆的内接正六边形。

作图步骤

1）过点 *A*，用 60°三角板画斜线 *AB*；过点 *D*，画斜线 *DE*，如图 1-27a 所示。

2）翻转三角板，过点 *D* 画斜线 *CD*；过点 *A* 画斜线 *AF*，如图 1-27b 所示。

3）用丁字尺连接两水平线 *BC*、*FE*，即得圆的内接正六边形，如图 1-27c、d 所示。

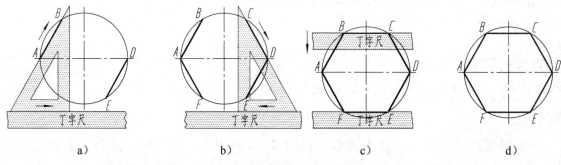

图 1-27　利用三角板作圆的内接正六边形

【例1-4】　　利用圆规作圆的内接正三边形和正六边形。

作图步骤

1）以点 B 为圆心，R 为半径画弧，交圆周得 E、F 两点，如图 1-28a 所示。

2）依次连接 D、E、F、D，即得到圆的内接正三边形，如图 1-28b 所示。

3）如欲作圆的内接正六边形，则再以点 D 为圆心、R 为半径画弧，交圆周得 H、G 两点，如图 1-28c 所示。

4）依次连接 D、H、E、B、F、G、D 各点，即得到圆的内接正六边形，如图 1-28d 所示。

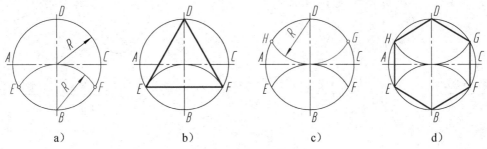

图 1-28　用圆规作圆的内接正三（六）边形

二、圆弧连接

用一圆弧光滑地连接相邻两线段（直线或圆弧）的作图方法，称为圆弧连接。圆弧连接在零件轮廓图中经常可见，如图 1-29 所示。

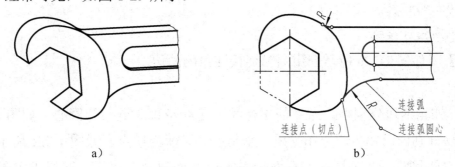

图 1-29　圆弧连接示例

从图 1-29b 中可以看出，圆弧连接实质上就是圆弧与直线、圆弧与圆弧相切。因此，作图时必须先求出连接弧的圆心，确定连接点（切点）的位置。

1. 圆与直线相切的作图原理

若半径为 R 的圆，与已知直线 AB 相切，其圆心轨迹是与直线 AB 相距 R 的一条平行线。切点是自圆心 O 向已知直线 AB 所作垂线的垂足，如图 1-30 所示。

2. 圆与圆相切的作图原理

若半径为 R 的圆，与已知圆（圆心为 O_1，半径为 R_1）相切，其圆心 O 的轨迹是已知圆的同心圆。同心圆的半径根据相切情况分为：

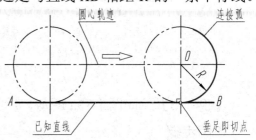

图 1-30　圆与直线相切

——两圆外切时，同心圆半径为两圆半径之和（R_1+R），如图 1-31a 所示。

——两圆内切时，同心圆半径为两圆半径之差$|R_1-R|$，如图 1-31b 所示。

两圆相切的切点，为两圆的圆心连线与已知圆弧的交点。

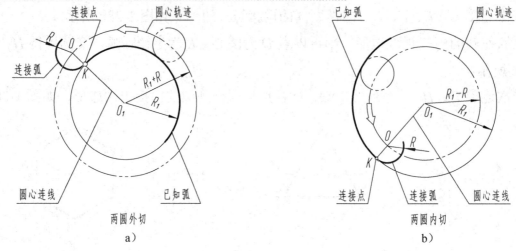

图 1-31　圆与圆相切

3．圆弧连接的作图步骤

根据圆弧连接的作图原理可知，圆弧连接的作图步骤如下：

1）求连接弧的圆心。

2）定出切点的位置。

3）准确地画出连接弧。

【例 1-5】　如图 1-32a 所示，用圆弧连接钝角的两边。

作图步骤

1）作与已知角两边分别相距为 R 的平行线，交点 O 即为连接弧圆心，如图 1-32b 所示。

2）自点 O 分别向已知角两边作垂线，垂足 M、N 即为切点，如图 1-32c 所示。

3）以点 O 为圆心、R 为半径，在两切点 M、N 之间画连接弧，即完成作图，如图 1-32d 所示。

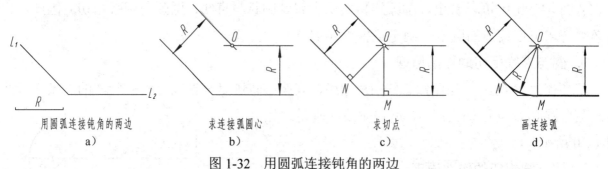

图 1-32　用圆弧连接钝角的两边

【例 1-6】　如图 1-33a 所示，用圆弧连接直角的两边。

作图步骤

1）以直角顶点为圆心、R 为半径画弧，交直角两边于点 M、N，如图 1-33b 所示。

2）再分别以点 M、N 为圆心、R 为半径画弧，两圆弧的交点 O 即为连接弧圆心，如图 1-33c 所示。

3）以点 O 为圆心、R 为半径，在两切点 M、N 之间画连接弧，即完成作图，如图 1-33d 所示。

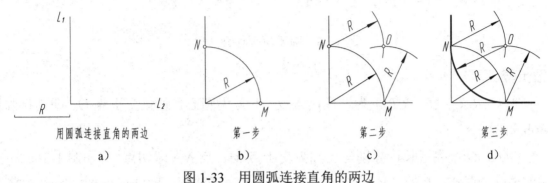

图 1-33　用圆弧连接直角的两边

【例 1-7】　如图 1-34a 所示，用半径为 R 的圆弧连接直线和圆弧。

作图步骤

1）作直线 L_2 平行于直线 L_1（其间距为 R）；再作已知圆弧的同心圆（半径为 R_1+R）与直线 L_2 相交于点 O，点 O 即为连接弧圆心，如图 1-34b 所示。

2）作 OM 垂直直线 L_1 于点 M；连 OO_1 与已知圆弧交于点 N，点 M、N 即为切点，如图 1-34c 所示。

3）以点 O 为圆心、R 为半径，在切点 M、N 之间画连接弧，即完成作图，如图 1-34d 所示。

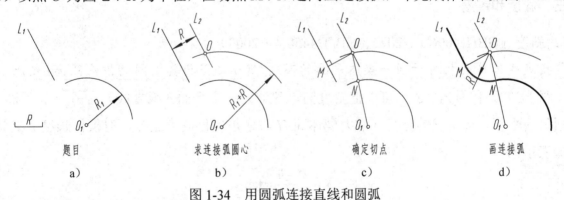

图 1-34　用圆弧连接直线和圆弧

【例 1-8】　如图 1-35a 所示，用半径为 R 的圆弧与两已知圆弧外切。

作图步骤

1）分别以（R_1+R）及（R_2+R）为半径，点 O_1、O_2 为圆心，画弧交于点 O（即连接弧圆心），如图 1-35b 所示。

2）连 OO_1 与已知弧交于点 M，连 OO_2 与已知弧交于点 N（点 M、点 N 即切点），如图 1-35c 所示。

3）以点 O 为圆心，R 为半径，在切点 M、N 之间画连接弧，即完成作图，如图 1-35d 所示。

【例 1-9】　如图 1-36a 所示，用半径为 R 的圆弧与两已知圆弧内切。

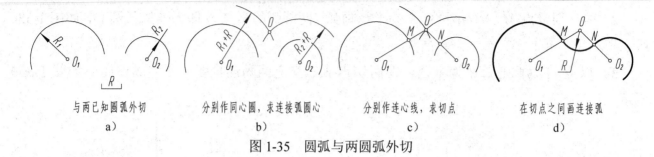

与两已知圆弧外切　　　分别作同心圆，求连接弧圆心　　　分别作连心线，求切点　　　在切点之间画连接弧
　　a)　　　　　　　　　　　　b)　　　　　　　　　　　　c)　　　　　　　　　　　　d)

图 1-35　圆弧与两圆弧外切

作图步骤

1）分别以（R-R_1）和（R-R_2）为半径，点 O_1 和 O_2 为圆心，画弧交于点 O（即连接弧圆心），如图 1-36b 所示。

2）连 OO_1、OO_2 并延长，分别与已知弧交于点 M、点 N（即切点），如图 1-36c 所示。

3）以点 O 为圆心，R 为半径，在切点 M、N 之间画连接弧，即完成作图，如图 1-36d 所示。

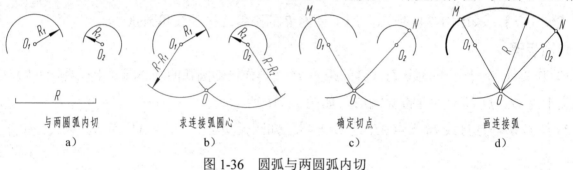

与两圆弧内切　　　　　求连接弧圆心　　　　　确定切点　　　　　画连接弧
　　a)　　　　　　　　　　b)　　　　　　　　　　c)　　　　　　　　　　d)

图 1-36　圆弧与两圆弧内切

三、斜度和锥度

1. 斜度（GB/T 4096.1—2022、GB/T 4458.4—2003）

两指定楔体截面相对于任一楔体平面的高度H和h之差与其之间的投影距离L之比，称为斜度（图 1-37），代号为"S"。可以把斜度简单理解为一个平面（或直线）对另一个平面（或直线）倾斜的程度。按斜度的定义，最大楔体高 H 与最小楔体高 h 之差，对楔体长度 L 之比，用关系式表示为：

$$S = \frac{H-h}{L} = \tan\beta$$

通常把比例的前项化为1，以简单分数 1∶n 的形式来表示斜度。

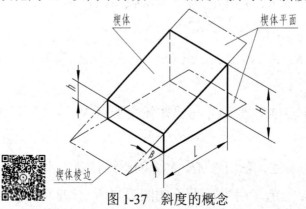

图 1-37　斜度的概念

【例 1-10】 画出图 1-38 所示楔键的图形。

作图步骤

1）根据图中的尺寸，画出已知的直线部分。

2）过点 A，按 1：12 画出直角三角形，求出斜边 AC，如图 1-39a 所示。

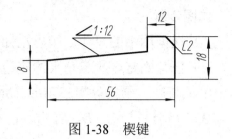

图 1-38 楔键

3）过已知点 D，作 AC 的平行线，如图 1-39b 所示。

4）描深加粗楔键图形，标注斜度符号，如图 1-39c 所示。

斜度符号的底线应与基准面（线）平行，<u>符号的尖端方向应与斜面的倾斜方向一致</u>。斜度符号的大小及画法，如图 1-39d 所示。

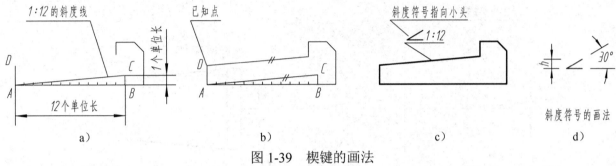

a)   b)   c)   d)

图 1-39 楔键的画法

提示：斜度符号的线宽为 h/10（h 为图样中字体高度）。

2. 锥度（GB/T 157—2001、GB/T 4458.4—2003）

两个垂直圆锥轴线截面的圆锥直径 D 和 d 之差与该两截面之间的轴向距离 L 之比，称为锥度，代号为"C"。可以把锥度简单理解为圆锥底圆直径与锥高之比。

由图 1-40 可知，α 为圆锥角，D 为大端圆锥直径，d 为小端圆锥直径，L 为圆锥长度，即

$$C = \frac{D-d}{L} = 2\tan\frac{\alpha}{2}$$

与斜度的表示方法一样，通常也把锥度的比例前项化为 1，写成 1：n 的形式。

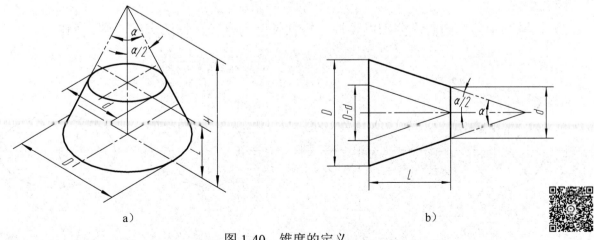

a)   b)

图 1-40 锥度的定义

【例 1-11】 画出图 1-41 所示具有 1：5 锥度的图形。

作图步骤

1）根据图中的尺寸，画出已知的直线部分。

2）任意确定等腰三角形的底边 AB 为 1 个单位长度，高为 5 个单位长度，画出等腰三角形 ABC，如图 1-42a 所示。

3）分别过已知点 D、E，作 AC 和 BC 的平行线，如图 1-42b 所示。

4）描深加粗图形，标注锥度符号，如图 1-42c 所示。

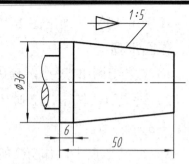

图 1-41　具有 1：5 锥度的图例

标注锥度时用引出线从锥面的轮廓线上引出，锥度符号的尖端指向锥度的小头方向。锥度符号的大小及画法，如图 1-42d 所示。

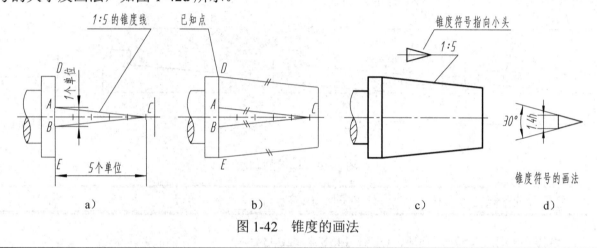

a）　　　　　　　　b）　　　　　　　　c）　　　　　　　　d）

图 1-42　锥度的画法

> 提示：锥度符号的线宽为 h/10（h 为图样中字体高度）。

四、椭圆的画法

椭圆是常见的非圆曲线。已知椭圆的长轴和短轴，可采用不同的画法近似地画出椭圆。

1. 辅助同心圆法

【例 1-12】　已知椭圆长轴 AB 和短轴 CD，用辅助同心圆法画椭圆。

作图步骤

1）以椭圆中心为圆心，分别以长轴、短轴长度为直径，作两个同心圆，如图 1-43a 所示。

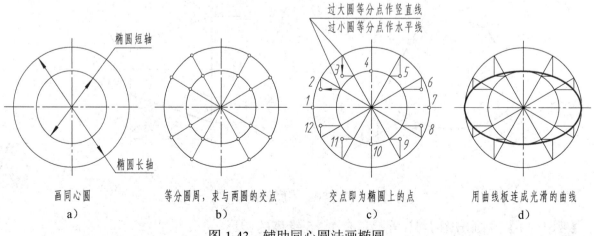

画同心圆　　　　　　等分圆周，求与两圆的交点　　　　交点即为椭圆上的点　　用曲线板连成光滑的曲线
a）　　　　　　　　b）　　　　　　　　c）　　　　　　　　d）

图 1-43　辅助同心圆法画椭圆

2）作圆的十二等分，过圆心作放射线，分别求出与两圆的交点，如图 1-43b 所示。

3）过大圆上的等分点作竖直线，过小圆上的等分点作水平线，竖直线与水平线的交点即为椭圆上的点，如图 1-43c 所示。

4）用曲线板光滑地连接诸点即得椭圆，如图 1-43d 所示。

2. 四心近似画法

【例 1-13】　已知椭圆长轴 *AB* 和短轴 *CD*，用四心近似画法画椭圆。

作图步骤

1）连 *AC*，以点 *O* 为圆心、*OA* 为半径画弧得点 *E*，再以点 *C* 为圆心、*CE* 为半径画弧得点 *F*，如图 1-44a 所示。

2）作 *AF* 的垂直平分线，与 *AB* 交于点 1，与 *CD* 交于点 2。取 1、2 两点的对称点 3 和点 4（1、2、3、4 点即为圆心），如图 1-44b 所示。

3）连接点 21、点 23、点 43、点 41 并延长，得到一菱形，如图 1-44c 所示。

4）分别以点 2、点 4 为圆心，*R*（*R*=2C=4D）为半径画弧，与菱形的延长线相交，即得两段大圆弧；分别以点 1、点 3 为圆心，*r*（*r*=1A=3B）为半径画弧，与所画的大圆弧连接，即得到近似的椭圆，如图 1-44d 所示。

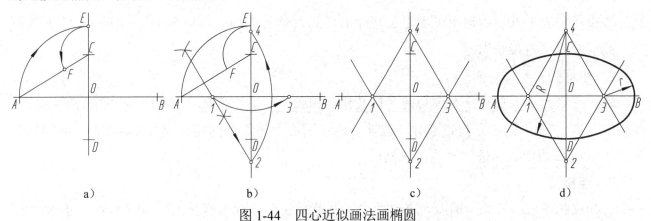

a)　　　　　　　b)　　　　　　　c)　　　　　　　d)

图 1-44　四心近似画法画椭圆

第四节　平面图形分析及作图

平面图形是由许多线段连接而成的，这些线段之间的相对位置和连接关系，靠给定的尺寸来确定。画平面图形时，只有通过分析尺寸，确定线段性质，明确作图顺序，才能正确地画出图形。

一、尺寸分析

平面图形中的尺寸，按其作用可分为两类：

1. 定形尺寸

将确定平面图形上几何元素形状大小的尺寸，称为定形尺寸。例如：线段长度、圆及圆弧的直径和半径、角度大小等。例如：图 1-45 所示手柄平面图中的 $\phi5$、$\phi20$、$R10$、$R15$、$R12$

（黑色尺寸）等。

2. 定位尺寸

将确定几何元素位置的尺寸称为定位尺寸。例如：图1-45中的红色尺寸，8确定了 $\phi5$ 的圆心位置；75确定了 $R10$ 的圆心位置；45确定了 $R50$ 圆心的一个坐标值。

确定尺寸位置的几何元素（点、线、面）称为尺寸基准。平面图形有长度和高度两个方向，每个方向至少应有一个尺寸基准。定位尺寸通常以图形的对称中心线、轴线、较长的底线或边线作为尺寸基准，如图1-45中的 A 基准和 B 基准。

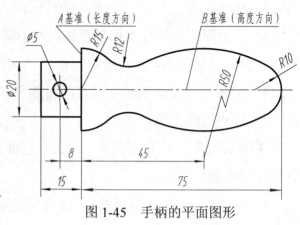

图1-45　手柄的平面图形

二、线段分析

在平面图形中，有些线段具有完整的定形和定位尺寸，绘图时，可根据标注的尺寸直接绘出；而有些线段的定形和定位尺寸并未完全注出，要根据已注出的尺寸和该线段与相邻线段的连接关系，通过几何作图才能画出。

1. 已知弧

给出半径大小及圆心两个方向定位尺寸的圆弧，称为已知弧。如图1-45中的 $R10$、$R15$ 圆弧，此类圆弧可直接画出。

2. 中间弧

给出半径大小及圆心一个方向的定位尺寸的圆弧，称为中间弧。如图1-45中的 $R50$ 圆弧，圆心的左右位置由定位尺寸45确定，但缺少确定圆心上下位置的定位尺寸，画图时，必须根据它和 $R10$ 圆弧相切这一条件才能将它画出。

3. 连接弧

已知圆弧半径，而缺少圆心两个方向定位尺寸的圆弧，称为连接弧。如图1-45中的 $R12$ 圆弧，只能根据它和相邻的 $R50$、$R15$ 两圆弧同时外切的几何条件，才能将其画出。

> 提示：画图时，应先画已知弧→再画中间弧→最后画连接弧。

三、平面图形的绘图方法和步骤

1. 准备工作

分析平面图形的尺寸及线段，拟订作图步骤→确定比例→选择图幅→固定图纸→画出图框、对中符号和标题栏，如图1-46a所示。

2. 绘制底稿

合理、匀称地布图，画出基准线→先画已知弧→再画中间弧→最后画连接弧，如图1-46b、c、d、e所示。

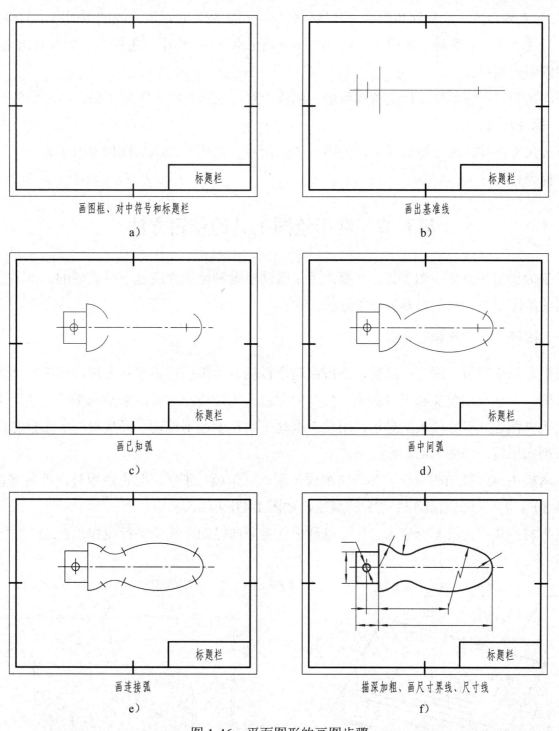

图 1-46　平面图形的画图步骤

提示：绘制底稿时，图线要清淡、准确，并保持图面整洁。

3．描深加粗

描深加粗前，要全面检查底稿，修正错误，擦去画错的线条及作图辅助线。描深加粗的步骤如下：

（1）先粗后细　先描深加粗全部粗实线，再描深加粗全部细虚线、细点画线及细实线等。

（2）先曲后直　在描深加粗同一种线（特别是粗实线）时，应先画圆弧或圆，后画直线。

（3）先水平、后垂斜　先用丁字尺自上而下画出水平线，再用三角板自左向右画出垂直线，最后画倾斜的直线。

描深加粗时，应尽量使同类图线粗细、浓淡一致，连接光滑，字体工整，图面整洁。

4．标注尺寸

画出尺寸界线、尺寸线和箭头，如图 1-46f 所示。最后将图纸从图板上取下来，填写尺寸数值和标题栏。

第五节　常用绘图工具的使用方法

正确地使用和维护绘图工具，对提高手工绘图质量和绘图速度是十分重要的。本节介绍几种常用的绘图工具和绘图仪器的使用方法。

一、图板、丁字尺和三角板

图板是用来铺放、固定图纸的，一般用胶合板制成，板面比较平整光滑，图板左侧为丁字尺的导边。丁字尺由尺头和尺身构成，尺身的上边为工作边，主要用来画水平线。使用丁字尺时，尺头内侧必须靠紧图板的导边，用左手推动丁字尺上、下移动，沿尺身的上边自左向右画出一系列水平线，如图 1-47a 所示。

三角板由 45°和 30°（60°）各一块组成一副。三角板与丁字尺配合使用时，可画垂直线，也可画 30°、45°、60°以及 15°、75°的斜线，如图 1-47b 所示。

如果将两块三角板配合使用，还可以画出任意方向已知直线的平行线和垂直线，如图 1-48 所示。

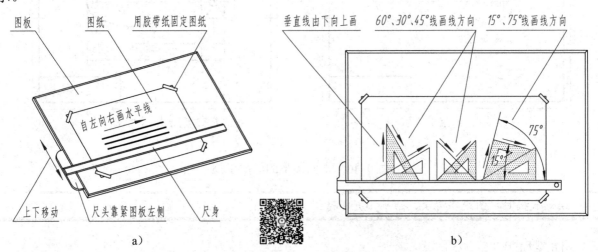

图 1-47　丁字尺和三角板的使用方法

二、圆规和分规

圆规是用来画圆或圆弧的工具。圆规的一条腿上装有钢针，另一条腿上除具有肘形关节外，

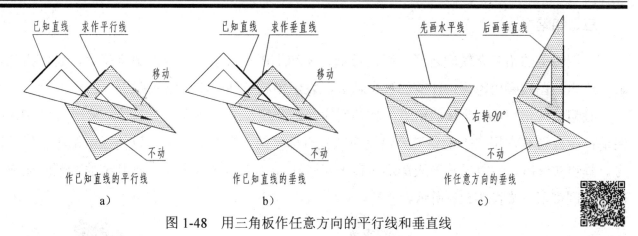

图 1-48 用三角板作任意方向的平行线和垂直线

还可以根据作图需要装上不同的附件。

圆规的钢针一端为圆锥形，另一端为带有肩台的针尖。画图时应使用有肩台的一端，以防止圆心针孔扩大。同时还应使肩台与铅芯尖平齐，针尖及铅芯与纸面垂直，如图 1-49 所示。

为了画出各种图线，应备有各种不同硬度和形状的铅芯。描深加粗圆弧时用的铅芯，一般要比画粗实线的铅芯软一些，圆规铅芯的削法如图 1-50 所示。

画圆时，先将圆规两腿分开至所需的半径尺寸，借左手食指把针尖放在圆心位置，将钢针扎入图纸和图板，按顺时针方向稍微倾斜地转动圆规，转动速度和用力要均匀，如图 1-51 所示。

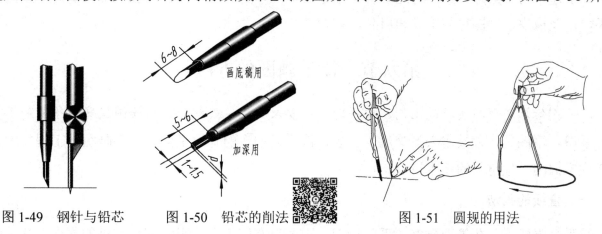

图 1-49 钢针与铅芯　　图 1-50 铅芯的削法　　图 1-51 圆规的用法

分规是用来量取尺寸和等分线段或圆周的工具。分规的两条腿均安有钢针，当两条腿并拢时，分规的两个针尖应对齐，如图 1-52a 所示。调整分规两脚间距离的手法，如图 1-52b 所示。分规的使用方法，如图 1-52c 所示。

图 1-52 分规的用法

27

三、铅笔

绘图铅笔的铅芯有软硬之分，用代号 H、B 和 HB 来表示。B 前的数字越大，表示铅芯越软，绘出的图线颜色越深；H 前的数字越大，表示铅芯越硬；HB 表示铅芯软硬适中。

画粗实线常用 2B 或 B 的铅笔；画细实线、细虚线、细点画线和写字时，常用 H 或 HB 的铅笔；画底稿线常用 2H 的铅笔。铅笔应从没有标号的一端开始使用，以便保留铅芯软硬的标号。画粗实线时，应将铅芯磨成铲形（扁平四棱柱），如图 1-53a 所示。画其余的线型时应将铅芯磨成圆锥形，如图 1-53b 所示。

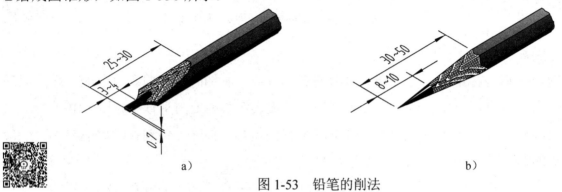

图 1-53　铅笔的削法

除上述常用工具外，绘图时还要备有削修铅笔的小刀、固定图纸的胶带纸、清理图纸的小刷子，以及橡皮、擦图片等工具和用品。

第六节　徒手画图的方法

以目测估计图形与实物的比例，按一定画法要求徒手（或部分使用绘图仪器）绘制的图，称为草图。草图是工程技术人员交流、记录、构思、创作的有力手段，徒手画图是工程技术人员必须掌握的一项重要的基本技能。

一、直线的画法

徒手画直线时，执笔要自然，手腕抬起，不要靠在图纸上，眼睛朝着前进的方向，注意画线的终点。同时，小手指可与纸面接触，作为支点，保持运笔平稳。

短直线应一笔画出，长直线则可分段相接而成。画水平线时，可将图纸稍微倾斜放置，从左到右画出。画垂直线时，由上向下较为顺手。画斜线时最好将图纸转动到适宜运笔的角度。图 1-54 所示为画水平线、垂直线和倾斜线的手势。

二、圆、圆角的画法

画小圆时，先画中心线，在中心线上按半径大小，目测定出四点，然后过四点分两半画出，如图 1-55a 所示。也可以过四点先画正方形，再画内切的四段圆弧，如图 1-55b 所示。

画直径较大的圆时，可过圆心加画一对十字线，按半径大小，目测定出八点，然后依次连点画出，如图 1-55c 所示。

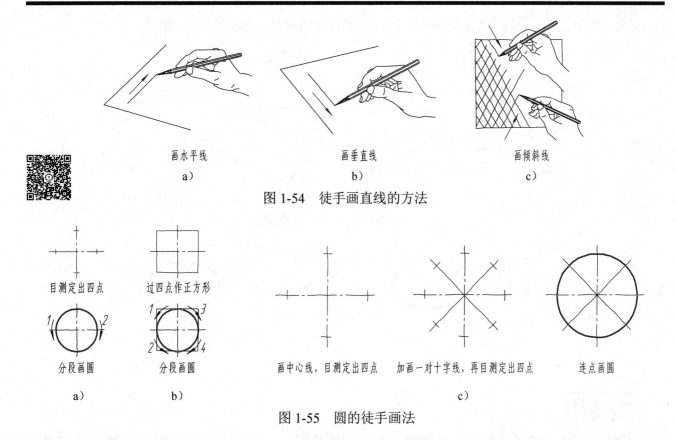

图 1-54　徒手画直线的方法

图 1-55　圆的徒手画法

画圆角时，先将直线画成相交后作角平分线，在角平分线上定出圆心位置，使其与角两边的距离等于圆角半径的大小；过圆心向角两边引垂线，定出圆弧的起点和终点，同时在角平分线上定出圆周上的一点；徒手把三点连成圆弧，如图 1-56a 所示。采用类似的方法，还可画圆弧连接，如图 1-56b 所示。

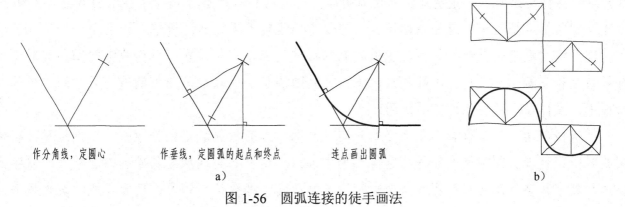

图 1-56　圆弧连接的徒手画法

三、特殊角度线的画法

画 45°、30°、60°等特殊角度，可根据直角三角形两直角边的比例关系，在两直角边上定出两端点，然后连接而成，如图 1-57 所示。

四、椭圆的画法

画椭圆时，先根据长、短轴定出四点，画出一个矩形，然后画出与矩形相切的椭圆，如

图1-58a 所示。也可先画出椭圆的外切菱形，然后画出椭圆，如图1-58b 所示。

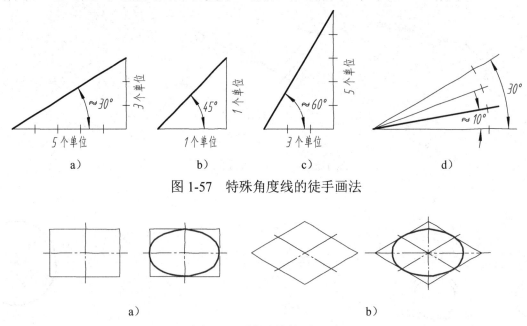

图 1-57　特殊角度线的徒手画法

a）　　　　　　　　　　　　b）

图 1-58　椭圆的徒手画法

素养提升

　　同学们，当我们刚接触到本门课程的时候，就遇到了一个新名词——标准。标准是指对重复性事物和概念所做的统一规定。技术标准是国家标准中的一项重要内容，有关机械制图的所有标准都包含在其中。国际标准化组织 ISO 是世界上最大的标准化专门机构。ISO 的主要活动是制定国际标准，组织各成员国和技术委员会进行情报交流，共同研究有关标准化问题。我国是国际标准化组织 ISO 的重要成员，我国明确提出采用 ISO 标准并贯彻于技术领域的各个环节。工程类制图标准是应用广泛的基础标准，不仅是工程技术界的共同语言，而且是一切工业标准的基础。经过近半个世纪的努力，我国的制图标准化工作不断发展，目前我国的工程类制图标准体系比较完善，已经达到国际先进水平，在我国逐步发展壮大、成为制造大国和制造强国的过程中，发挥了不可替代的重要作用。

　　"机械制图"是工科各专业必修的一门工具课。本套教材就是根据《技术制图》和《机械制图》一系列现行国家标准编写的。作为初学者，一定要认真地从最基础的内容学起。汉字怎么写？数字、字母怎么写？图线怎么画？铅笔怎么削？都要认真练习，逐步养成认真负责的工作态度和一丝不苟的工作作风。对常用的国家标准应该牢记于心并能熟练地运用，为使自己能成为工匠奠定坚实的基础。

　　建议同学们：打开百度App，搜索央视综合频道《大国工匠》，选看第一集。

第二章　投　影　基　础

知识目标
- 理解投影法的概念，熟悉正投影的性质。
- 掌握三视图的形成及对应关系，能绘制和识读简单形体的三视图。
- 掌握基本几何体的三视图画法及尺寸注法。
- 掌握用特殊位置平面截切基本几何体的画法和尺寸注法。

图 2-1a 所示是一个轴承座的轴测图，也就是我们常说的立体图。即使我们还没学过制图课，也能大致看懂轴承座的结构形状。但在工厂中制造加工轴承座却不是依靠立体图完成的，而是依据图 2-1b 所示轴承座的零件图加工出来的。可以看出，轴承座的零件图是平面图形。那么，立体的轴承座是根据什么转换成平面图形的呢？图中的数字、符号表示什么含义？通过本章及后几章的学习，读者会逐步掌握从立体到平面、再从平面到立体的转换方法和规律，进而掌握画图和看图的本领，为自己走向工作岗位打下坚实的基础。

a)

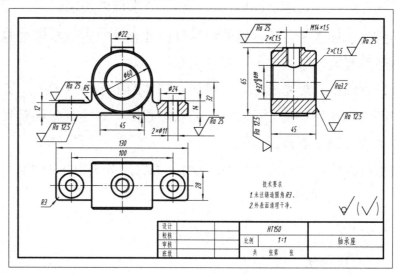

b)

图 2-1　轴承座

第一节　投影法和视图的基本概念

一、影子的形成

物体在阳光或灯光的照射下，会在墙上或地面上产生灰黑色的影子，如图 2-2 所示。形成这种现象应具备以下三个条件。

（1）物体　不同的物体有不同的影子。如人和桌子的影子不可能一样。

（2）光源　同一物体处在同一位置，光源不同，则影子也不同。如早晨和中午看到自己的影子是不一样的。

（3）承影面　同一物体处在同一位置，影子落到不同地方，得到的影子也不一样。如人的影子落在地面上与落在墙面上是不一样的。

a)

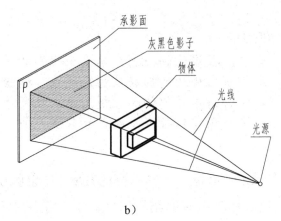
b)

图 2-2　影子的形成

二、投影法的基本概念

人们从物体与其影子的几何关系中，经过科学的总结、抽象，逐步形成了投影法，使在图纸上准确而全面地表达物体形状和大小的要求得以实现。

投射线通过物体，向选定的面投射，并在该面上得到图形的方法称为投影法。

根据投影法得到的图形，称为投影。

在投影法中，把光线称为投射线，物体的影子称为投影，影子所在的墙面或地面称为投影面，如图 2-3 所示。由此可看出，要获得投影，必须具备投射线、物体、投影面这三个基本条件，也称为投影三要素。

根据投射线的类型（平行或汇交），投影法分为以下两类：

$$投影法\begin{cases}中心投影法\\平行投影法\begin{cases}正投影法\\斜投影法\end{cases}\end{cases}$$

1. 中心投影法

投射线汇交一点的投影法，称为中心投影法，如图 2-3 所示。用中心投影法所得的投影大小，随着投影面、物体、投射中心三者之间距离的变化而变化。用中心投影法绘制的图样具有较强的立体感，但不能反映物体的真实形状和大小，且度量性差，作图比较复杂，在机械图样中很少采用。

2. 平行投影法

假设将投射中心 S 移至无限远处，则投射线相互平行，如图 2-4 所示。这种投射线相互平行的投影法，称为平行投影法。根据投射线与投影面是否垂直，又可将平行投影法分为正投影法和斜投影法两种。

（1）正投影法　投射线与投影面相垂直的平行投影法，称为正投影法。根据正投影法所得到的图形，称为正投影（或正投影图），如图 2-5a 所示。

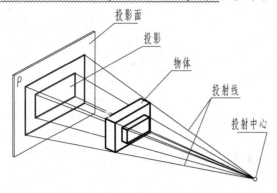

图 2-3　中心投影法

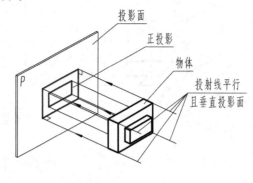

图 2-4　平行投影法（正投影法）

由于正投影法能反映物体的真实形状和大小，度量性好，作图简便，所以在工程上应用得十分广泛。机械图样都是采用正投影法绘制的，正投影法是机械制图的理论基础。

（2）斜投影法　投射线与投影面相倾斜的平行投影法，称为斜投影法。根据斜投影法所得到的图形，称为斜投影（或斜投影图），如图 2-5b 所示。

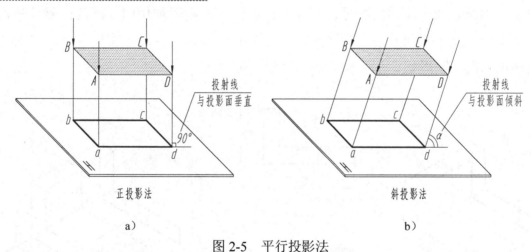

a)　　　　　　　　　　　　　b)

图 2-5　平行投影法

提示：为了叙述方便，以后把正投影简称为投影。

三、正投影的基本性质

1. 真实性

平面（直线）平行于投影面，其投影反映实形（实长），这种性质称为真实性，如图 2-6a 所示。

2. 积聚性

平面（直线）垂直于投影面，其投影积聚成直线（一点），这种性质称为积聚性，如图 2-6b 所示。

3. 类似性

平面（直线）倾斜于投影面，其投影变小（短），这种性质称为类似性，如图 2-6c 所示。

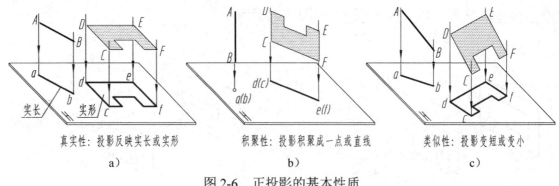

真实性：投影反映实长或实形
a)

积聚性：投影积聚成一点或直线
b)

类似性：投影变短或变小
c)

图2-6 正投影的基本性质

四、视图的基本概念

用正投影法绘制物体的图形时，可把人的视线假想成相互平行且垂直于投影面的一组投射线。根据有关标准和规定，用正投影法所绘制出物体的图形称为视图，如图2-7所示。

一般情况下，一个视图不能完整地表达物体的形状。由图 2-7 可以看出，这个视图只反映物体的长度和高度，而没有反映物体的宽度。

如图 2-8 所示，两个不同的物体，在同一投影面上的投影却相同。因此，要反映物体的完整形状，常需要从几个不同方向进行投射，获得多面正投影，以表示物体各个方向的形状，综合起来反映物体的完整形状。

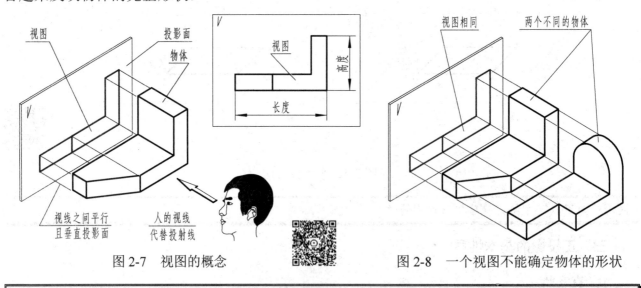

图2-7 视图的概念

图2-8 一个视图不能确定物体的形状

提示：绘制视图时，可见的棱线和轮廓线用粗实线绘制，不可见的棱线和轮廓线用细虚线绘制。

第二节 三视图的形成及其对应关系

一、三投影面体系的建立

在多面正投影中，相互垂直的三个投影面构成三投影面体系，分别称为正立投影面（简称正面或 V 面）、水平投影面（简称水平面或 H 面）和侧立投影面（简称侧面或 W 面），如图2-9所示。

投影法中，相互垂直的投影面之间的交线，称为投影轴，它们分别是：

OX轴（简称X轴），是V面与H面的交线，代表左右即长度方向。

OY轴（简称Y轴），是H面与W面的交线，代表前后即宽度方向。

OZ轴（简称Z轴），是V面与W面的交线，代表上下即高度方向。

三条投影轴相互垂直，其交点称为原点，用O表示。

二、三视图的形成

将物体置于三投影面体系内，然后从物体的三个方向进行观察，就可以在三个投影面上得到三个视图，如图2-10所示。规定的三个视图名称是：

主视图——由前向后投射所得的视图。

左视图——由左向右投射所得的视图。

俯视图——由上向下投射所得的视图。

这三个视图统称为三视图。

为把三个视图画在同一张图纸上，必须将相互垂直的三个投影面展开在同一个平面上。展开方法如图2-10所示，规定：V面保持不动，将H面绕X轴向下旋转90°，将W面绕Z轴向右旋转90°，就得到展开后的三视图，如图2-11a所示。实际绘图时，应去掉投影面边框和投影轴，如图2-11b所示。

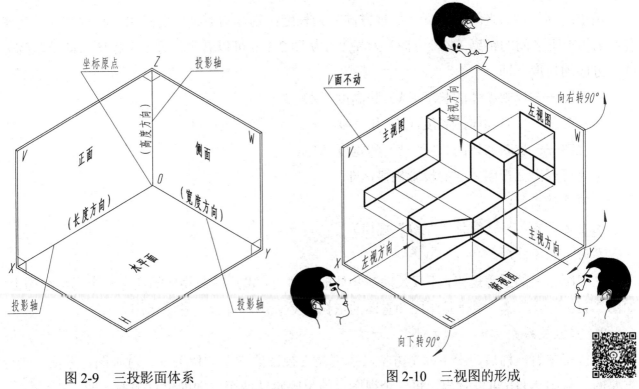

图2-9　三投影面体系　　　　　　　　　图2-10　三视图的形成

三、三视图之间的对应关系及投影规律

由三视图的形成过程可以总结出三视图之间的位置关系、投影规律及方位关系。

1. 位置关系

由三视图的展开过程可知，三视图之间的相对位置是固定的，即<u>主视图定位后，左视图在主视图的右方</u>，<u>俯视图在主视图的下方</u>。各视图的名称不需要标注，如图 2-11b 所示。

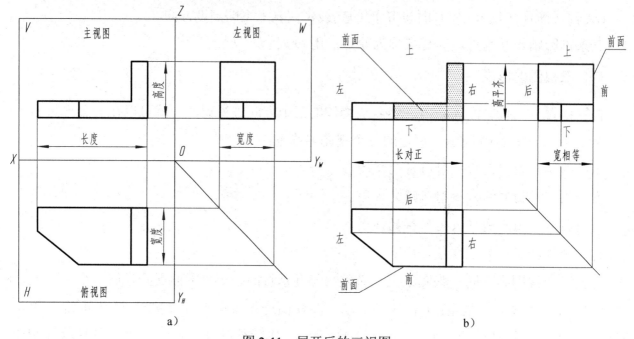

a）　　　　　　　　　　　　b）

图 2-11　展开后的三视图

2. 投影规律

规定：物体左右之间的距离（X 轴方向）为长度；物体前后之间的距离（Y 轴方向）为宽度；物体上下之间的距离（Z 轴方向）为高度。从图 2-11a 可以看出，每一个视图只能反映物体两个方向的尺度，即：

主视图——反映物体的长度（X）和高度（Z）。

左视图——反映物体的高度（Z）和宽度（Y）。

俯视图——反映物体的长度（X）和宽度（Y）。

由此可得出三视图之间的投影规律，即

<u>主俯长对正</u>；

<u>主左高平齐</u>；（简称"三等"规律）

<u>左俯宽相等</u>。

三视图之间的三等规律，不仅反映在物体的整体上，也反映在物体的任意一个局部结构上，如图 2-11b 所示。这一规律是画图和看图的依据，必须深刻理解和熟练运用。

3. 方位关系

物体有左右、前后、上下六个方位，搞清楚三视图的六个方位关系，对画图、看图是十分重要的。从图 2-11b 可以看出，每一个视图只能反映物体两个方向的位置关系，即

<u>主视图反映物体的左、右和上、下位置关系</u>（前、后重叠）。

<u>左视图反映物体的上、下和前、后位置关系</u>（左、右重叠）。

俯视图反映物体的左、右和前、后位置关系（上、下重叠）。

画图与看图时，要特别注意俯视图和左视图的前、后对应关系，在三个投影面的展开过程中，由于水平面向下旋转，俯视图的下方表示物体的前面，俯视图的上方表示物体的后面；当侧面向右旋转后，左视图的右方表示物体的前面，左视图的左方表示物体的后面。即

俯、左视图远离主视图的一边，表示物体的前面；

俯、左视图靠近主视图的一边，表示物体的后面。

提示：物体的左、俯视图不仅宽相等，还应保持前、后位置的对应关系。

四、三视图的画图步骤

根据物体（或轴测图）画三视图时，应先选定主视图的投射方向，然后将物体摆正（使物体的主要表面平行于投影面）。

【例2-1】　根据支座的轴测图（图2-12a）画出其三视图。

分析

图2-12a所示支座的下方为一长方形底板；底板后部有一块立板，立板中间有一半圆形缺孔；立板坐在底板之上，后面平齐；立板前面有一块三角形肋板。根据支座的形状特征，由前向后为主视图的投射方向。

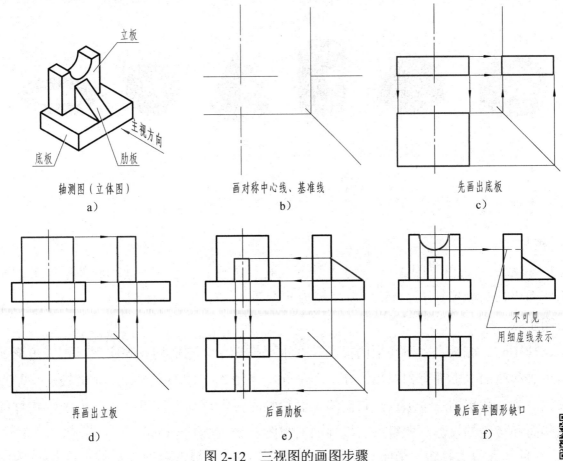

图2-12　三视图的画图步骤

作图步骤

1）先画出对称中心线、基准线，确定三视图的位置，如图 2-12b 所示。

2）该物体由三部分组成，应分部分画出。依次画出底板、立板和肋板，如图 2-12c、d、e 所示。

3）最后画出细节（半圆形缺口），如图 2-12f 所示。

> 提示：画三视图时图线重合怎么办？国家标准规定，可见的轮廓线和棱线用粗实线表示，不可见的轮廓线和棱线用细虚线表示。图线重合时，其优先顺序为：可见轮廓线和棱线（粗实线）→不可见轮廓线和棱线（细虚线）→剖面线（细实线）→轴线、对称中心线（细点画线）→假想轮廓线（细双点画线）→尺寸界线和分界线（细实线）。

画三视图时，物体的每一组成部分，最好是三个视图配合着画，不要先把一个视图画完后，再画另一个视图。这样，不但可以提高绘图速度，还能避免漏线、多线。画物体某一部分的三视图时，应先画反映形状特征的视图，再按投影关系画出其他视图。

第三节　几何体的投影

几何体分为平面立体和曲面立体两大类。表面均为平面的立体，称为平面立体，如图 2-13a、b 所示；表面由曲面与平面、或全部由曲面所组成的立体，称为曲面立体，如图 2-13c、d、e、f 所示。

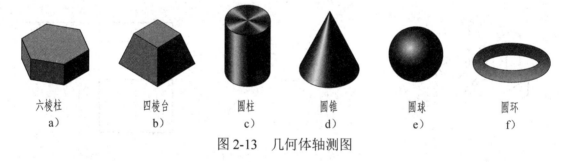

| 六棱柱 | 四棱台 | 圆柱 | 圆锥 | 圆球 | 圆环 |
| a) | b) | c) | d) | e) | f) |

图 2-13　几何体轴测图

一、平面立体

1．棱柱

（1）棱柱的三视图　图 2-14a 表示一个正三棱柱的投影。它的顶面和底面平行于 H 面，三个矩形侧面中，后面平行于 V 面，左、右两面垂直于 H 面，三条侧棱垂直于 H 面。

作图步骤

画三视图时，先画上、下底面的投影。在水平投影中，它们均反映实形（正三角形）且重影；其正面和侧面投影都有积聚性，分别为平行于 X 轴和 Y 轴的直线；三条侧棱的水平投影都有积聚性，为三角形的三个顶点，它们的正面和侧面投影，均平行于 Z 轴且反映了棱柱的高。画完这些面和棱线的投影，即得该三棱柱的三视图，如图 2-14b 所示。

（2）棱柱表面上的点　平面立体表面上点的投影，可根据点的投影规律（即点的两面投影连线，垂直于相应的投影轴）直接求出。但需判别点的投影的可见性：若点所在表面的投影可见，则点的同面投影可见；反之为不可见。

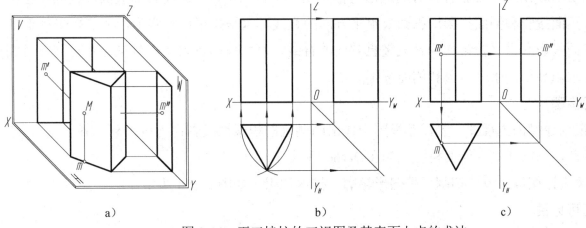

图 2-14　正三棱柱的三视图及其表面上点的求法

> 提示：空间的点用大写拉丁字母表示，如 A、B、C…；点的水平投影用相应的小写字母表示，如 a、b、c…；点的正面投影用相应的小写字母加一撇表示，如 a'、b'、c'…；点的侧面投影用相应的小写字母加两撇表示，如 a''、b''、c''…。

【例 2-2】　如图 2-14c 所示，已知三棱柱上一点 M 的正面投影 m'，求 m 和 m''。

分析

根据 m' 的位置，可判定 M 在三棱柱的左侧棱面上。因左侧棱面垂直于水平面，该棱面的水平投影积聚为一条直线，所以点的水平投影 m 必落在该直线上。根据 m' 和 m 即可求出侧面投影 m''。

作图步骤

1）过 m' 作 X 轴的垂线，求出 m。

2）过 m' 作 Z 轴的垂线，再过 m 作 Y_H 轴的垂线，与等宽线相交后再向上作垂线，两条垂线的交点即为 m''。

判别可见性

由于点 M 在三棱柱的左侧棱面上，该棱面的侧面投影可见，故 m'' 可见（不加圆括号）。

（3）平面截切棱柱　当立体被平面截断成两部分时，其中任何一部分均称为截断体，用来截切立体的平面称为截平面，截平面与立体表面的交线称为截交线，如图 2-15 所示。截交线具有两个基本性质：

1）共有性。截交线是截平面与立体表面的共有线。

2）封闭性。由于任何立体都有一定的范围，所以截交线一定是闭合的平面图形。

【例 2-3】　如图 2-16a、b 所示，在四棱柱上方切割一个矩形通槽，试完成四棱柱矩形通槽的水平投影和侧面投影。

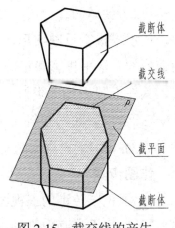

图 2-15　截交线的产生

分析

如图 2-16b 所示，四棱柱上方的矩形通槽是由三个特殊位置平面切割而成的。槽底平行于
H 面，其正面投影和侧面投影均积聚成水平方向的直线，水平投影反映实形。两侧壁平行于 *W*
面，其正面投影和水平投影均积聚成竖直方向的直线，侧面投影反映实形且重合在一起。可利
用积聚性求出通槽的水平投影和侧面投影。

作图步骤

1）根据通槽的主视图，先在俯视图中作出两侧壁的积聚性投影；再按"高平齐、宽相等"
的投影规律，画出通槽的侧面投影，如图 2-16c 所示。

2）擦去作图线，校核切割后的图形轮廓，描深加粗，如图 2-16d 所示。

判别可见性

注意区分槽底侧面投影的可见性，即槽底的侧面投影积聚成直线，中间一段不可见，应画
成细虚线。

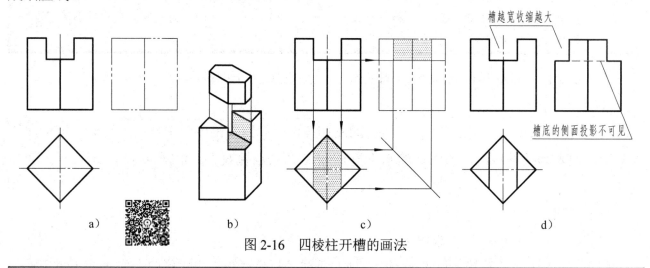

图 2-16　四棱柱开槽的画法

提示：因四棱柱最前、最后两条侧棱在开槽部位被切去，故左视图中的外形轮廓线，在开槽部位向内"收
缩"。其收缩程度与槽宽有关，槽越宽收缩越大。

2. 棱锥

（1）棱锥的三视图　如图 2-17a 所示，正三棱锥由底面和三个棱面所组成。底面平行于 *H*
面，其水平投影反映实形，正面和侧面投影积聚为一直线。△*SAC* 垂直于 *W* 面，侧面投影积聚
为一斜线，水平投影和正面投影都是类似形（不反映实形）。△*SAB* 和 △*SBC* 与三个投影面均倾
斜，其三面投影均为类似形（不反映实形）。最前面的棱线 *SB* 平行于 *W* 面（反映实长），*SA*、
SC 与三个投影面均倾斜（不反映实长），*AC* 垂直于 *W* 面（侧面投影积聚成一点），*AB*、*BC* 平
行于 *H* 面（水平投影反映实长）。

作图步骤

1）画正三棱锥的三视图时，先画出底面△*ABC*（正三角形）的各面投影，如图 2-17b 所示。

2）根据锥高画出锥顶 *S* 的各面投影，连接各顶点的同面投影，即为正三棱锥的三视图，如

图 2-17c 所示。

> 提示：正三棱锥的侧面投影不是等腰三角形，如图 2-17c 所示。

（2）棱锥表面上的点　正三棱锥的表面有平行于投影面的平面，也有同时倾斜于三个投影面的平面。求平行于投影面的平面上点的投影，可利用该平面投影的积聚性直接作图；求同时倾斜于三个投影面的平面上点的投影，可通过在平面上作辅助线的方法求得。

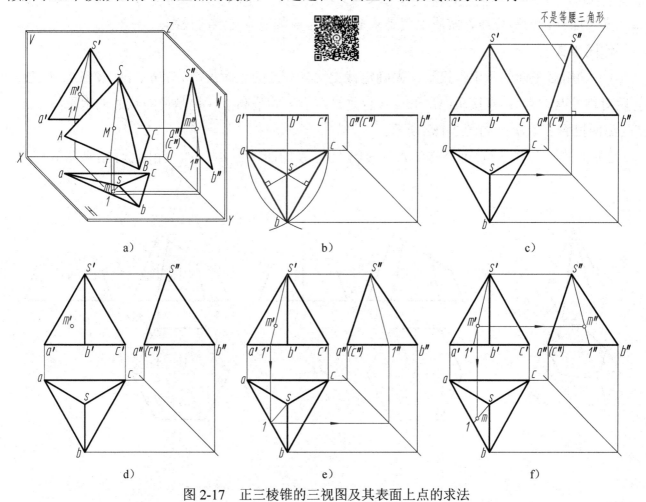

图 2-17　正三棱锥的三视图及其表面上点的求法

【例 2-4】　如图 2-17d 所示，已知棱面△SAB 上点 M 的正面投影 m'，求点 M 的其他两面投影。

分析

由于棱面△SAB 同时倾斜于三个投影面，没有积聚性，所以不能利用平面的积聚性直接作图，只有通过在平面上作辅助线的方法才能解决，如图 2-17a 所示。

作图步骤

1）连接锥顶 s' 及点 m' 并延长得辅助线的正面投影 $s'1'$，求出辅助线的水平投影 $s1$ 和侧面投影 $s''1''$，如图 2-17e 所示。

2）再由 m' 直接求出 m 和 m'' 即可，如图 2-17f 所示。

（3）平面截切棱锥　平面切割平面立体时，其截交线为平面多边形。

【例2-5】　正六棱锥被垂直于正面的平面截切，补全截切后正六棱锥的俯、左视图。

分析

由图2-18a、b可见，正六棱锥被垂直于V面的平面截切，截交线是六边形，六个顶点分别是截平面与六条侧棱的交点。由此可见，平面立体的截交线是一个平面多边形；多边形的每一条边，是截平面与平面立体各棱面的交线；多边形的各个顶点就是截平面与平面立体棱线的交点。求平面立体的截交线，实质上就是求截平面与各条棱线交点的投影。

作图步骤

1）利用截平面的积聚性投影，先确定截交线各顶点的正面投影a'、b'、c'、d'（B、C各为前后对称的两个点）；直接求出最低点（也是最左点）和最高点（也是最右点）的水平投影a、d及侧面投影a''、d''，如图2-18c所示。

2）再直接求出B、C两个点的水平投影b、c及侧面投影b''、c''，如图2-18d所示。

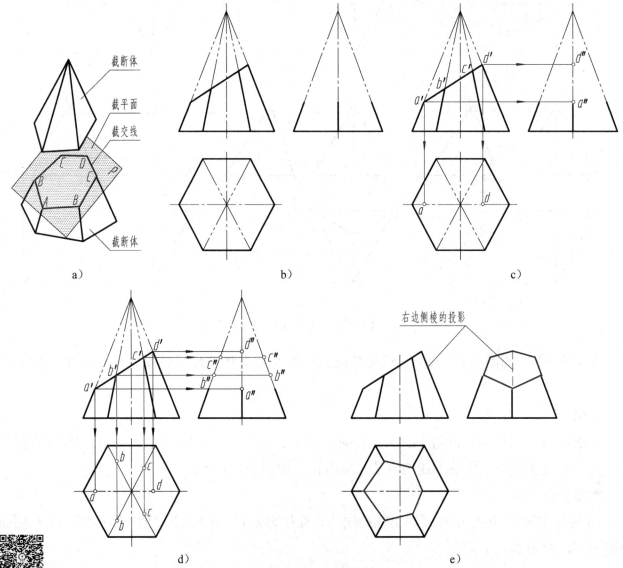

图2-18　正六棱锥截交线的画法

3）擦去作图线，依次连接各顶点的同面投影，即为截交线的投影，如图 2-18e 所示。

提示：正六棱锥右边棱线在侧面投影中有一段不可见，应画成细虚线，如图 2-18e 所示。

二、曲面立体

1．圆柱

（1）圆柱面的形成　圆柱面可看作一条直线（母线）围绕与它平行的轴线回转而成，如图 2-19a 所示。母线转至任一位置时称为素线。由一条母线绕轴线回转而形成的表面称为回转面，由回转面构成的立体称为回转体。

（2）圆柱的三视图　由图 2-19b 可以看出，圆柱的主视图为一个矩形线框。其中左右两条轮廓线是两组由投射线组成（和圆柱面相切）的平面与 V 面的交线。这两条交线也正是圆柱面上最左、最右素线的投影，它们把圆柱面分为前后两部分，其投影前半部分可见，后半部分不可见，而这两条素线是可见与不可见的分界线。最左、最右素线的侧面投影和圆柱轴线的侧面投影重合（不需要画出其投影），其水平投影在横向中心线和圆周的交点处。矩形线框的上、下两边分别为圆柱顶面、底面的积聚性投影。

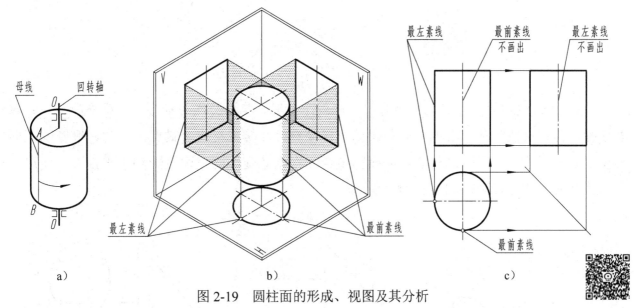

图 2-19　圆柱面的形成、视图及其分析

作图步骤

1）先画出圆柱面的水平投影——具有积聚性的圆。

2）再根据"三等"规律和圆柱的高度，完成主、左两视图——两个相同的矩形，如图 2-19c 所示。

（3）圆柱表面上的点　当圆柱面的回转轴垂直于某一投影面时，则圆柱面在该投影面上的投影具有积聚性。利用这一投影性质在圆柱面上取点，作图较为简捷。

【例 2-6】　如图 2-20a 所示，已知圆柱面上点 M、N 的一面投影，求其另两面投影。

分析

由于圆柱的轴线垂直 H 面，圆柱面的水平投影积聚成圆，因此可根据"三等"规律直接求

出点 M、N 的另两面投影。

作图步骤

1）根据给定的 m' 的位置，可判定点 M 在前半圆柱面的左半部分；因圆柱面的水平投影有积聚性，故 m 必在前半圆周的左部。可根据 m' 先直接求出 m，再根据 m' 和 m 求得 m''，如图 2-20b 所示。

2）根据给定的 n'' 的位置，可判定点 N 在圆柱面的最后素线上，其正面投影不可见。根据 n'' 直接求出 n 和（n'），如图 2-20c 所示。

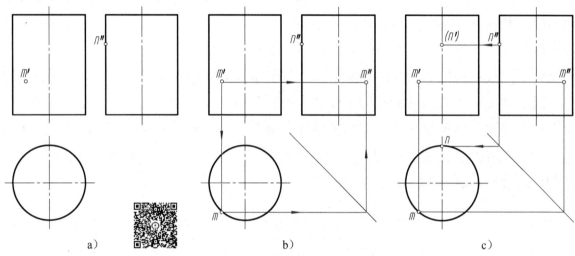

图 2-20 求圆柱表面上点的投影

（4）平面截切圆柱 当截平面与圆柱轴线平行时，其截交线为矩形；当截平面与圆柱轴线垂直时，其截交线为圆；当截平面与圆柱轴线倾斜时，其截交线为椭圆。此时，椭圆的正面投影积聚为一斜线，水平投影与圆柱面投影重合，根据截交线的正面投影和水平投影，便可直接求出截交线的侧面投影，如图 2-21 所示。

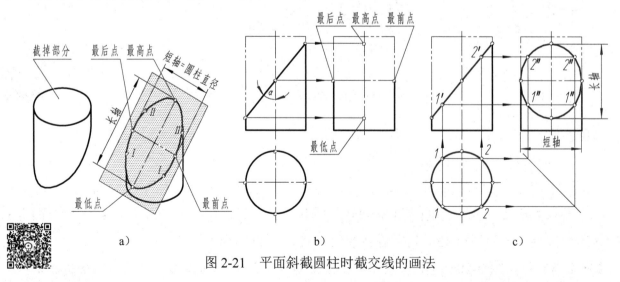

图 2-21 平面斜截圆柱时截交线的画法

作图步骤

1）求特殊点。由截交线的正面投影，直接作出截交线上的特殊点，即最高、最前、最后、最低点，如图 2-21b 所示。

2）求中间点。作图时，在投影为圆的视图上任意取两点（或取等分点）。根据水平投影 1、2（Ⅰ、Ⅱ 点各为前后对称的两个点），利用投影关系求出正面投影 1′、2′ 和 1″、2″，如图 2-21c 所示。

3）连点成线。将各点光滑地连接起来，即为截交线的投影，如图 2-21c 所示。

【例 2-7】　如图 2-22a 所示，完成开槽圆柱的水平投影和侧面投影。

分析

如图 2-22b 所示，开槽部分的侧壁是由两个平行于 W 面的平面、槽底是由一个平行于 H 面的平面截切而成的，圆柱面上的截交线分别位于被切出的各个平面上。由于这些面均与投影面平行，其投影具有积聚性或真实性。因此截交线的投影应依附于这些面的投影，不需要另行求出。

作图步骤

1）根据开槽圆柱的主视图，先在俯视图中作出两侧壁的积聚性投影；再按"高平齐、宽相等"的投影规律，作出通槽的侧面投影，如图 2-22c 所示。

2）擦去作图线，校核切割后的图形轮廓，描深加粗，如图 2-22d 所示。

判别可见性

槽底的侧面投影积聚成直线，中间一段不可见，应画成细虚线。

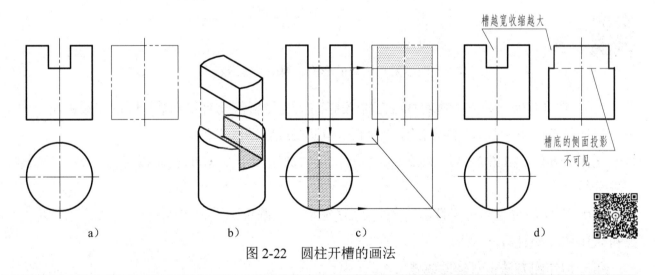

槽越宽收缩越大

槽底的侧面投影
不可见

a)　　　　　b)　　　　　c)　　　　　d)

图 2-22　圆柱开槽的画法

提示：因圆柱的最前、最后两条素线均在开槽部位被切去，故左视图中的外形轮廓线在开槽部位向内"收缩"。其收缩程度与槽宽有关，槽越宽收缩越大。

2．圆锥

（1）圆锥面的形成　圆锥面是由一条直母线围绕和它相交的轴线回转而成的，如图 2-23a 所示。

（2）圆锥的三视图　图 2-23b 为圆锥的三视图。俯视图的圆形，反映圆锥底面的实形，同时也表示圆锥面的投影。主、左视图的等腰三角形线框，其下边为圆锥底面的积聚性投影。主视图中三角形的两边，分别表示圆锥面最左素线 *SA* 和最右素线 *SB*（反映实长）的投影，它们是圆锥面正面投影可见与不可见部分的分界线；左视图中三角形的两边，分别表示圆锥面最前、最后素线 *SC*、*SD* 的投影（反映实长），它们是圆锥面侧面投影可见与不可见部分的分界线。

作图步骤

1）画圆锥的三视图时，先画出圆锥底面的投影——圆。

2）再根据"三等"规律和圆锥的高度，画出锥顶的投影，完成主、左两视图——两个相同的等腰三角形，即完成圆锥的三视图，如图 2-23b 所示。

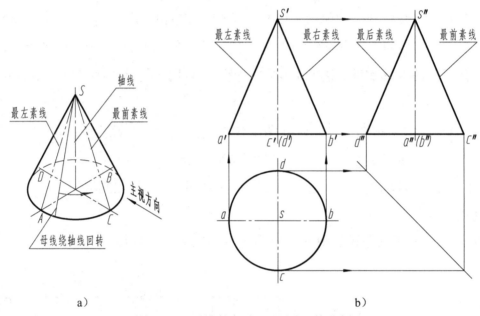

图 2-23　圆锥的形成、视图及其分析

（3）圆锥表面上的点　圆锥面在三个投影面上的投影都没有积聚性，所以在圆锥面上取点时（特殊位置的点除外），必须在圆锥面上作辅助线或辅助圆求得。

【例 2-8】　如图 2-24a、图 2-25a 所示，已知圆锥面上点 *M* 的正面投影 *m'*，求 *m* 和 *m"*。

分析

根据点 *M* 的位置和可见性，可判定点 *M* 在前、左圆锥面上，点 *M* 的三面投影均可见。作图可采用如下两种方法。

第一种作图方法——辅助线法

1）过锥顶 *S* 和点 *M* 作一辅助线 *S*Ⅰ，即连接 *s'm'*，并延长到与底面的正面投影相交于 1'，求得 *s*1 和 *s"*1"，如图 2-24b 所示。

2）过 *m'* 分别作 *X* 轴、*Z* 轴的垂线与辅助线相交，求出 *m* 和 *m"*，如图 2-24c 所示。

第二种作图方法——辅助圆法

1）过点 *M* 在圆锥面上作平行于底圆的水平辅助圆（该圆的正面投影积聚成直线），即过 *m'* 所作的 2'3'；辅助圆的水平投影为底圆的同心圆（直径等于 2'3'），如图 2-25b 所示。

2）过 *m'* 作 *X* 轴的垂线，与辅助圆的下半圆相交，其交点即为 *m*；再根据 *m* 按"宽相等"

求出 m''，如图 2-25c 所示。

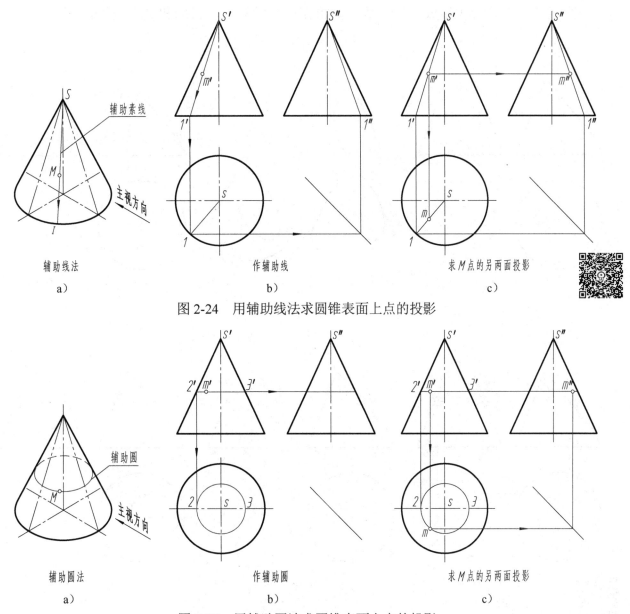

图 2-24 用辅助线法求圆锥表面上点的投影

图 2-25 用辅助圆法求圆锥表面上点的投影

（4）平面截切圆锥 因截平面与圆锥轴线的相对位置不同，其截交线有五种形状。当截平面垂直于圆锥轴线时，其截交线为圆；当截平面通过圆锥顶点时，其截交线为相交二直线；当截平面与圆锥轴线相交时，其截交线为椭圆；当截平面与圆锥某一素线平行时，其截交线为抛物线；当截平面与圆锥轴线平行时，其截交线为双曲线。当知道截交线的一个投影时，可利用圆锥面上取点的方法，求出截交线上一系列点的其他两个投影，再分别连成光滑的曲线。

【例 2-9】 如图 2-26a 所示，圆锥被倾斜于轴线的平面截切（截交线为椭圆），用辅助线法求出圆锥截交线的水平投影和侧面投影。

分析

如图 2-26b 所示，截交线上任一点 M，可看成是圆锥表面某一素线 $S\mathrm{I}$ 与截平面 P 的交点。

因点 M 在素线 $S\text{I}$ 上，故点 M 的三面投影分别在该素线的同面投影上。由于截平面 P 垂直于 V 面，截交线的正面投影积聚成直线，故只需求作截交线的水平投影和侧面投影。

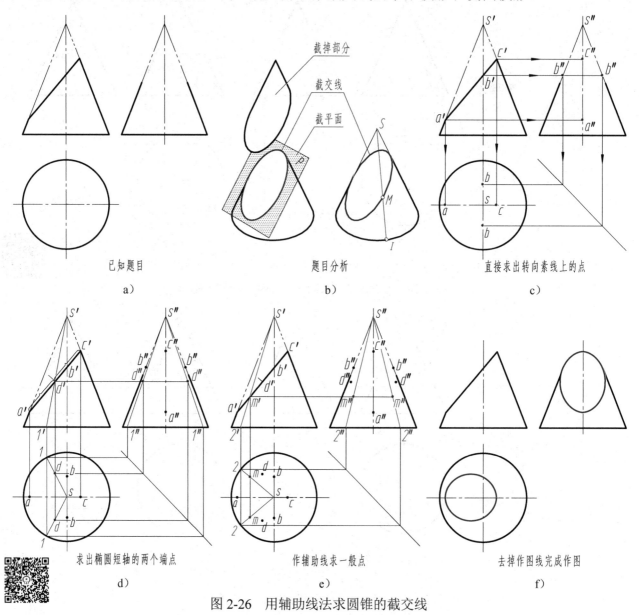

图 2-26　用辅助线法求圆锥的截交线

作图步骤

1）求特殊点——直接求出转向素线上的点。点 A 是左侧转向素线上的点，既为最低点，也是最左点。根据 a'，可直接求出 a 及 a''；点 C 是右侧转向素线上的点，既为最高点，也是最右点。根据 c'，可直接求出 c 及 c''；点 B 为前后转向素线上的点，根据 b'，先求出 b''，进而求出 b，如图 2-26c 所示。

2）求特殊点——求出椭圆短轴的两个端点。先作出 $a'c'$ 的中点 d'，即为椭圆短轴的两个端点（最前点、最后点）的正面投影。过 d' 作辅助线 $s'1'$，求出 $s1$、$s''1''$，进而求出 d 和 d''，如图 2-26d 所示。

3）用辅助线法求中间点。过锥顶作辅助线 $s'2'$ 与截交线的正面投影相交，得 m'，求出辅助线的其余两投影 s2 及 s″2″，进而求出 m 和 m″，如图 2-26e 所示。

4）连点成线。去掉多余图线，将各点依次连成光滑的曲线，即为截交线的投影，如图 2-26f 所示。

> 提示：若在 b′ 和 c′ 之间再作一条辅助线，又可求出两个中间点。中间点越多，求得的截交线越准确。

3．圆球

（1）圆球面的形成　如图 2-27a 所示，圆球面可看作一圆（母线），围绕它的直径回转而成。

（2）圆球的三视图　图 2-27b 为圆球的三视图。它们都是与圆球直径相等的圆，均表示圆球面的投影。球的各个投影虽然都是圆，但各个圆的意义不同。

1）正面投影。正面投影是平行于 V 面的圆素线的投影，即前、后半球的分界线，圆球面在正面投影中可见部分与不可见部分的分界线。

2）水平投影。水平投影是平行于 H 面的圆素线的投影，即上、下半球的分界线，圆球面在水平投影中可见部分与不可见部分的分界线。

3）侧面投影。侧面投影是平行于 W 面的圆素线的投影，即左、右半球的分界线，圆球面在侧面投影中可见部分与不可见部分的分界线。

这三条圆素线的其他两面投影，都与圆的相应对称中心线重合。

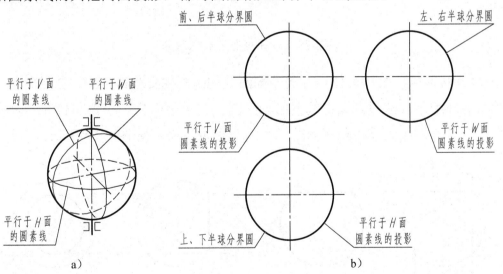

图 2-27　圆球的形成及三视图

（3）圆球表面上的点　由于任一平面与圆球面的交线都是圆周，所以求圆球表面上点的投影，可取圆球面上的圆作为辅助线。

【例 2-10】　如图 2-28a 所示，已知圆球面上点 M、N 的一面投影，求其他两面投影。

分析

根据点的位置和可见性，可判定：点 N 在前、后半球的分界圆上且位于右半球，其侧面投影不可见；点 M 在前、左、上半球上，其三面投影均可见。

作图步骤

1）点 N 在前、后两半球的分界线上，n 和 n'' 可直接求出。因为点 N 在右半球，其侧面投影 n'' 不可见，需加圆括号表示，如图 2-28b 所示。

2）点 M 在前、左、上半球上，需采用辅助圆法求 m' 和 m''。过点 m 在球面上作一平行于正面的辅助圆（也可作平行于水平面或侧面的圆）。因点在辅助圆上，故点的投影必在辅助圆的同面投影上。作图时，先在水平投影中过 m 作 X 轴的平行线 ef（ef 为辅助圆在水平投影面上的积聚性投影），其正面投影为直径等于 ef 的圆；过 m 作 X 轴的垂线，与辅助圆正面投影的交点即为 m'；再由 m' 求得 m''，如图 2-28c 所示。

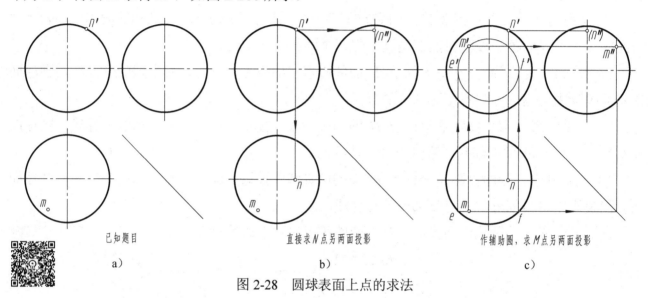

已知题目	直接求求 N 点另两面投影	作辅助圆，求 M 点另两面投影
a)	b)	c)

图 2-28　圆球表面上点的求法

（4）平面截切圆球　圆球被任意方向的平面截切，其截交线都是圆。当截平面为投影面平行面时，截交线在所平行的投影面上的投影为一圆，其余两面投影积聚为直线。该直线的长度等于圆的直径，其直径的大小与截平面至球心的距离 B 有关，如图 2-29 所示。

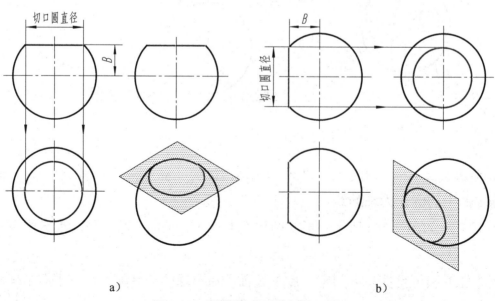

a)　　　　　　　　　　　　b)

图 2-29　圆球被平面截切的画法

【例 2-11】　画出图 2-30a 所示半圆球开槽的三视图。

分析

半圆球被两个对称的侧平面和一个水平面截切，两个侧平面与球面的截交线，各为一段平行于侧面的圆弧，而水平面与球面的截交线为两段水平圆弧。

作图步骤

1）根据槽宽画出槽底面的水平面和侧面投影。作图的关键在于确定辅助圆弧半径 R_1（R_1 小于半圆球的半径 R），如图 2-30b 所示。

2）根据槽深画出侧面投影。作图的关键在于确定辅助圆弧半径 R_2（R_2 小于半圆球的半径 R），如图 2-30c 所示。

3）去掉作图线，完成半圆球开槽的三视图，如图 2-30d 所示。

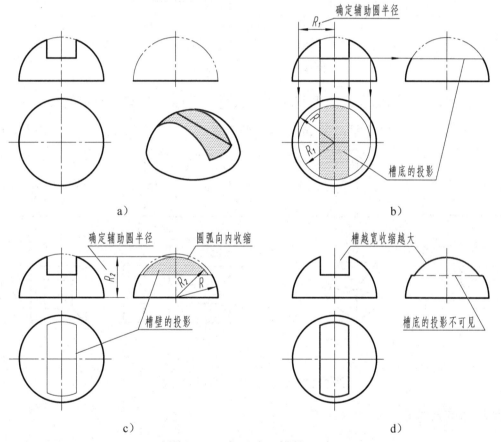

图 2-30　半圆球开槽的画法

提示：① 因圆球的最高处在开槽后被切掉，故左视图上方的轮廓线向内"收缩"，其收缩程度与槽宽有关，槽越宽、收缩越大。
② 注意区分槽底侧面投影的可见性，槽底的中间部分是不可见的，应画成细虚线。

第四节　几何体的尺寸注法

视图的作用是表达物体的结构和形状，而物体的大小是根据图中所注的尺寸来确定的。掌握几何体的尺寸注法，是学习比较复杂物体尺寸注法的基础。

一、平面立体的尺寸注法

棱柱、棱锥及棱台，除了标注确定其顶面和底面形状大小的尺寸外，还要标注高度尺寸，如图 2-31、图 2-32 所示。

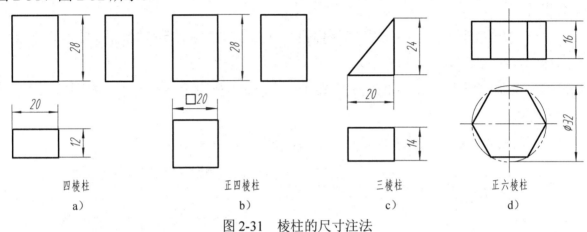

图 2-31　棱柱的尺寸注法

为了便于看图，确定顶面和底面形状大小的尺寸，宜标注在反映实形的视图上，如图 2-31、图 2-32 所示。标注正方形尺寸时，要加注正方形符号"□"，如图 2-31b、图 2-32d 所示。

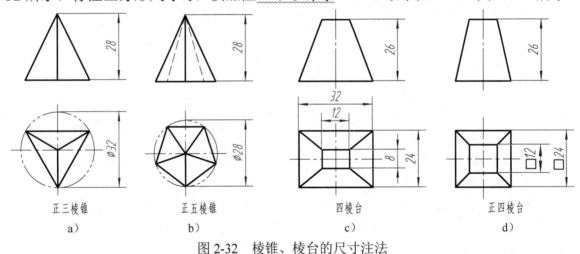

图 2-32　棱锥、棱台的尺寸注法

二、回转体的尺寸注法

圆柱、圆锥和圆锥台，应标注底圆直径和高度尺寸，并在直径数字前加注直径符号"ϕ"。标注圆球尺寸时，在直径数字前加注球直径符号"$S\phi$"。直径尺寸一般标注在非圆视图上。

当尺寸集中标注在一个非圆视图上时，一个视图即可表达清楚它们的形状和大小。圆柱、圆锥、圆台、圆球、半圆球等用一个视图表达即可，如图 2-33 所示。

三、带切口几何体的尺寸注法

对带切口的几何体，除标注几何体的尺寸外，还要注出确定截平面位置的尺寸。但要注意，由于几何体与截平面的相对位置确定后，切口的截交线即完全确定，因此，不应在截交线上标注尺寸。图 2-34 中画 "×" 的尺寸是错误的注法。

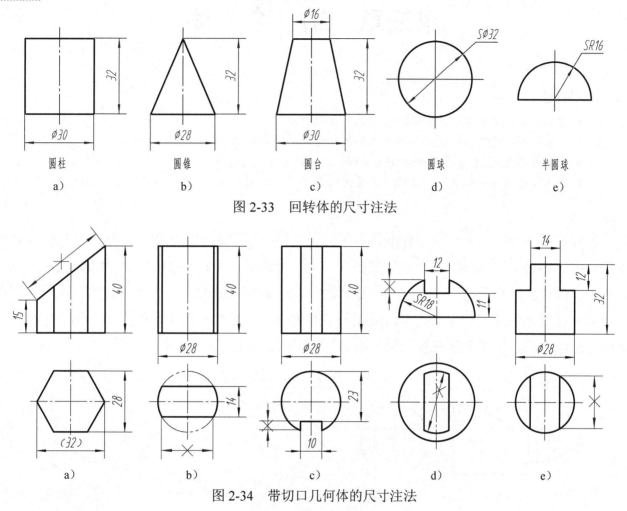

图 2-33　回转体的尺寸注法

图 2-34　带切口几何体的尺寸注法

素养提升

　　我国改革开放四十多年来，在中国共产党的领导下，全国人民发奋图强，国民经济飞速发展，现代化建设规模越来越大，仅用短短的二三十年，就赶上并超过绝大多数西方资本主义国家，成为世界第二大经济体，是世界上独一无二的具备所有工业门类的大国。在中华民族崛起的过程中，离不开众多工程技术人员和技术工人的无私奉献。如今，现代化生产对一线技术工人的工程素养、文化水平、专业知识等要求越来越高。作为在校生一定要抓住宝贵的学习机会，尽可能多地掌握专业基础知识，为就业、为成为一名合格的技术工人打好基础。

　　本章主要介绍了获得视图的原理，三视图的形成及对应关系。下一章主要介绍绘制三视图和看懂组合体三视图的方法和技巧，使初学者具备看图的初步能力。这两章是本书的重点内容，大家一定要多下功夫，过了这一关，再继续学习后续内容就会轻松许多。

　　建议同学们：打开百度App，搜索央视综合频道《大国重器》，选看第二集。

第三章 组 合 体

先看看图 3-1a，这是一个零件（顶尖）的三视图。顶尖的形状比前面所学的几何体复杂多了吧？由图 3-1b 可以看出，这个顶尖实际上是由一个圆锥、一个小圆柱、一个大圆柱叠加之后，被两个平面切割而形成的一个组合体。那么组合体是如何构成的？怎么画组合体三视图？识读组合体三视图有何窍门？本章是本门课程的学习重点，学好并掌握本章的内容，你一定会受益匪浅，也能为深入学习后续机械制图的内容打下坚实的基础。

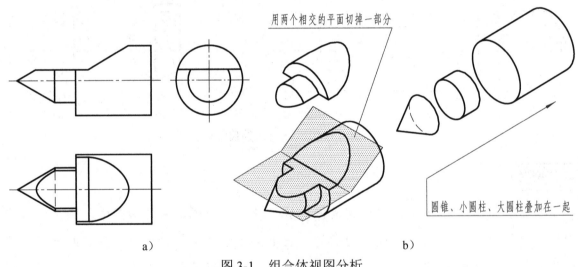

图 3-1　组合体视图分析

第一节　组合体的形体分析

任何复杂的机器零件，从形体的角度来分析，都可以看成是由若干基本几何体（柱、锥、球等），按一定的方式（叠加、切割或穿孔等）组合而成的。由两个或两个以上的基本几何体组合构成的整体，称为组合体。

一、形体分析法

图 3-2a 所示的轴承座，可看成是由一个半圆柱和两个尺寸不同的四棱柱叠加起来后，再切去一个较大圆柱体和两个小圆柱体而形成的组合体，如图 3-2b、c 所示。

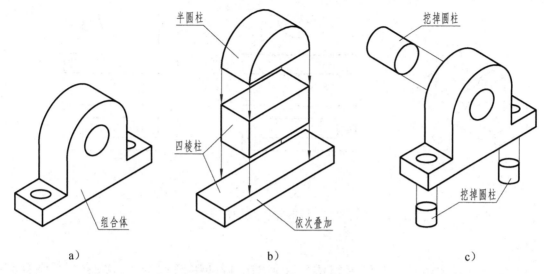

图 3-2 轴承座的形体分析

画组合体三视图时，就可采用"先分后合"的方法。即先在想象中将组合体分解成若干个基本几何体，然后按其相对位置逐个画出各基本几何体的投影，综合起来，即得到整个组合体的视图。这样，就可把一个复杂的问题分解成几个简单的问题加以解决。

假想将物体分解成若干个基本几何体，并搞清它们之间相对位置和组合形式的方法，称为形体分析法。

二、组合体的组合形式

讨论组合体的组合形式，关键是搞清相邻两形体间的接合形式，以便于分析接合处两形体分界线的投影。

1. 共面与非共面

画这种组合形式的视图时，应注意区分分界处的情况。当两形体的邻接表面共面时，在共面处没有交线，如图 3-3 所示。

当两形体的邻接表面不共面时，在两形体的连接处应有交线，如图 3-4 所示。

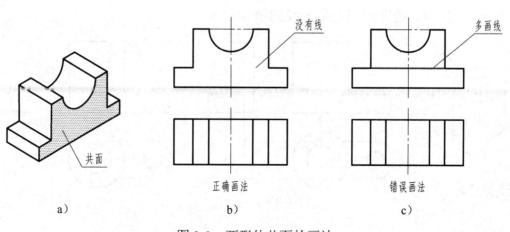

图 3-3 两形体共面的画法

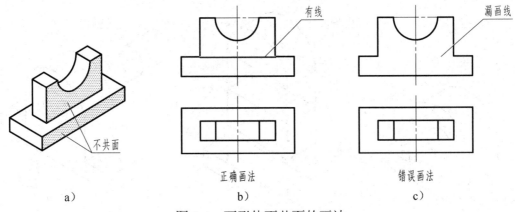

图 3-4　两形体不共面的画法

2．相切

图 3-5a 所示组合体由耳板和圆筒组成。耳板前、后两平面与左、右两大、小圆柱面光滑连接，即相切。在水平投影中，表现为直线和圆弧相切。在正面和侧面投影中，相切处不画线，耳板上表面的投影只画至切点处，如图 3-5b 所示。图 3-5c 是在相切处画线的错误示例。

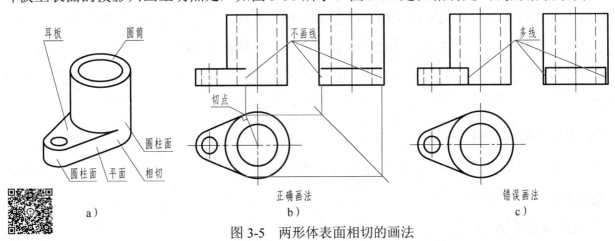

图 3-5　两形体表面相切的画法

3．相交

图 3-6a 所示组合体也由耳板和圆筒组成，但耳板前、后两平面平行，与左、右两个大、小圆柱面相交。在水平投影中，表现为直线和圆弧相交。在正面和侧面投影中，应画出交线，如图 3-6b 所示。图 3-6c 是在相交处漏画线的错误示例。

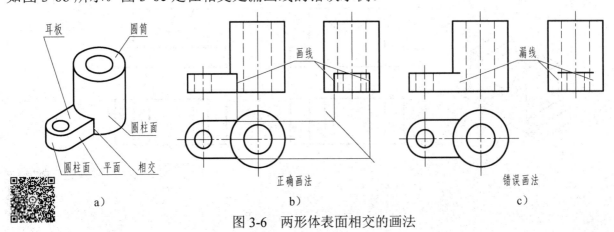

图 3-6　两形体表面相交的画法

4．相贯

两回转体的表面相交称为相贯，相交处的交线称为相贯线。由于两相交回转体的形状、大小和相对位置不同，相贯线的形状也不同。相贯线具有下列基本性质。

1）共有性。相贯线是两回转体表面上的共有线，也是两回转体表面的分界线，所以相贯线上的所有点，都是两回转体表面上的共有点。

2）封闭性。一般情况下，相贯线是封闭的空间曲线，在特殊情况下是平面曲线或直线。

（1）相贯线的简化画法 当不需要准确求作两圆柱正交相贯线的投影时，可采用简化画法，即用圆弧代替相贯线。

【例 3-1】 如图 3-7a 所示，两圆柱异径正交，补画主视图中所缺的相贯线。

分析

由于两圆柱的轴线垂直相交，相贯线是一条前后、左右对称的、闭合的空间曲线，如图 3-7b 所示。小圆柱的轴线垂直于水平面，相贯线的水平投影为圆（与小圆柱面的积聚性投影重合），大圆柱的轴线垂直于侧面，相贯线的侧面投影为一段圆弧（与大圆柱面的部分积聚性投影重合），只需补画相贯线的正面投影，如图 3-7c 所示。

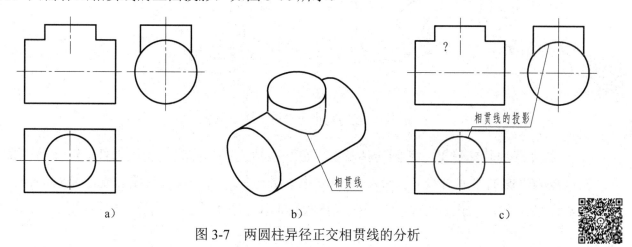

图 3-7 两圆柱异径正交相贯线的分析

作图步骤

1）先直接求出相贯线的最左点 A、最右点 B 和最低点 K，如图 3-8a 所示。

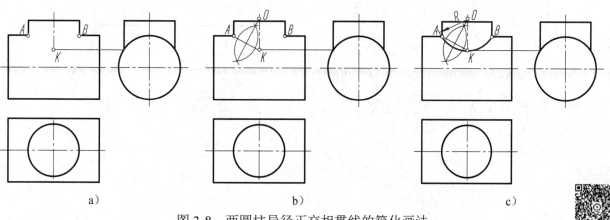

图 3-8 两圆柱异径正交相贯线的简化画法

2）作 *AK* 的垂直平分线，与小圆柱轴线相交得点 *O*，如图 3-8b 所示。

3）以点 *O* 为圆心、*OA* 为半径画弧即可，如图 3-8c 所示。

> 提示：主视图中相贯线向直径大的圆柱弯曲。

（2）内相贯线的画法　当在圆筒上钻有圆孔时，则孔与圆筒外表面及内表面均有相贯线，如图 3-9a 所示。

在内表面产生的交线，称为内相贯线。内相贯线和外相贯线的画法相同，因为内相贯线的投影不可见而画成细虚线，如图 3-9b 所示。

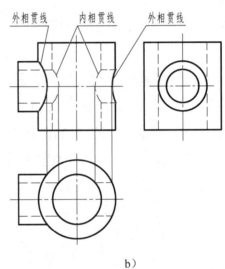

a)　　　　　　　　　　　　　　　　　　　b)

图 3-9　孔与孔相交时相贯线的画法

（3）相贯线的特殊情况　两回转体相交，在一般情况下相贯线为空间曲线。但在特殊情况下，相贯线为平面曲线或直线。当两个同轴回转体相交时，相贯线一定是垂直于轴线的圆。当回转体轴线平行于某一投影面时，这个圆在该投影面上的投影为垂直于轴线的直线，如图 3-10 所示。

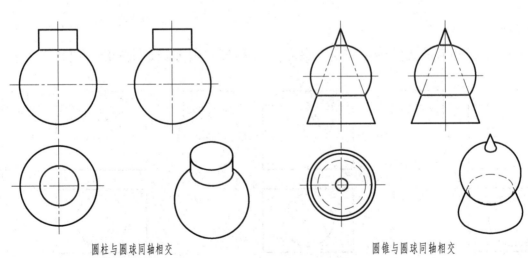

圆柱与圆球同轴相交　　　　　　　　　　圆锥与圆球同轴相交

a)　　　　　　　　　　　　　　　　　　　b)

图 3-10　同轴回转体的相贯线——圆

（4）相贯体的尺寸注法　如图 3-11a、b 所示，两圆柱表面相交产生相贯线，其相贯线本身不标注尺寸。图 3-11c 所示的注法是不合理的。

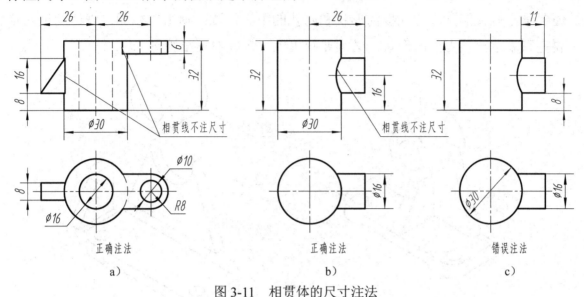

图 3-11　相贯体的尺寸注法

第二节　组合体三视图的画法

形体分析法是将复杂形体简单化的一种思维方法。画组合体视图，一般采用形体分析法，将组合体分解为若干基本形体，分析它们的相对位置和组合形式，逐个画出各基本形体的三视图。

一、形体分析

拿到组合体实物（或轴测图）后，首先应对它进行形体分析，搞清楚它的前后、左右和上下六面的形状，并根据其结构特点，想一想大致可以分成几个组成部分，它们之间的相对位置关系如何，采用了什么样的组合形式等。

图 3-12a 所示支架，按它的结构特点可分为底板、圆筒、肋板和支承板四部分，如图 3-12b 所示。底板与肋板、底板与支承板之间以平面形式相接触；支承板的左、右两侧面和圆筒外表面相切；肋板和圆筒相贯，其相贯线为圆弧和直线。

二、视图选择

1. 主视图的选择

主视图是表达组合体的一组视图中最主要的视图。通常要求主视图能较多地反映物体的形体特征，即反映各组成部分的形状特点和相互位置关系。

如图 3-12a 所示，分别从 A、B、C 三个方向看去，可以得到三组不同的三视图，如图 3-13 所示。经比较可很容易地看出，B 方向的三视图比较好，主视图能较多地反映支架各组成部分的形状特点和相互位置关系。

2．视图数量的确定

在组合体形状表达完整、清晰的前提下，其视图数量越少越好。支架的主视图按 *B* 方向确定后，还要画出俯视图，表达底板的形状和两孔的中心位置；画出左视图，表达肋板的形状。因此，要完整表达出该支架的形状，必须要画出主、俯、左三个视图。

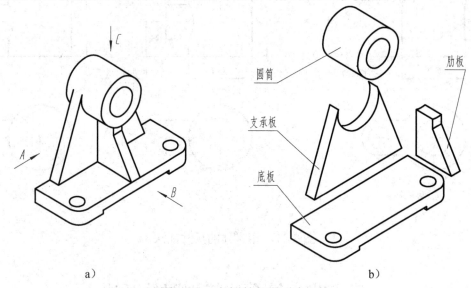

图 3-12　支架的形体分析

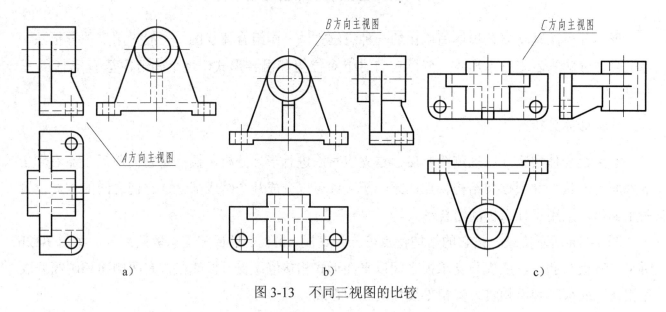

图 3-13　不同三视图的比较

三、画图的方法与步骤

1．选择比例，确定图幅

视图确定以后，便要根据组合体的大小和复杂程度，选定作图比例和图幅。

> 提示：所选的幅面要比绘制视图所需的面积大一些，以便标注尺寸和绘制标题栏。

2．布置视图

布置视图时，应将视图匀称地布置在幅面上，视图间的空当应保证能注全所需的尺寸。

3．绘制底稿

支架三视图的绘制步骤如图 3-14 所示。

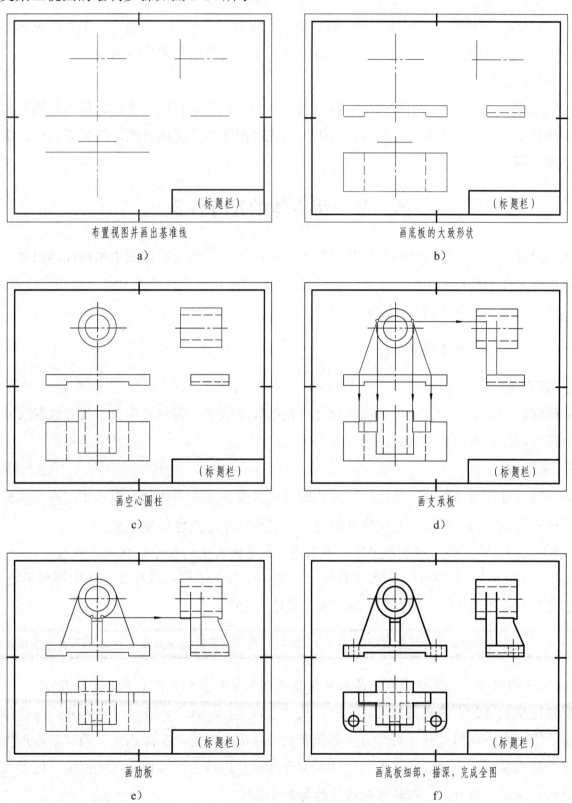

布置视图并画出基准线

a）

画底板的大致形状

b）

画空心圆柱

c）

画支承板

d）

画肋板

e）

画底板细部，描深，完成全图

f）

图 3-14　支架三视图的绘制步骤

为了迅速而正确地画出组合体的三视图，画底稿时，应注意以下两点。

1）画图的先后顺序，一般应从形状特征明显的视图入手。先画主要部分，后画次要部分；先画看得见的部分，后画看不见的部分；先画圆或圆弧，后画直线。

2）画图时，形体的每一组成部分，最好是三个视图配合着画。就是说，不要先把一个视图画完再画另一个视图。这样，不但可以提高绘图速度，还能避免多线或漏线。

4．检查描深

底稿完成后，在三视图中依次核对各组成部分的投影关系正确与否；分析相邻两形体接合处的画法有无错误，是否多线、漏线；再以实物或轴测图与三视图对照，确认无误后，描深图线，完成全图。

第三节　组合体的尺寸注法

视图只能表达组合体的结构和形状，要表示它的大小，则需通过图中所标注的尺寸。视图只能表达组合体的结构和形状，而要表示它的大小，则不但需要注出尺寸，而且必须注得完整、清晰，符合国家标准关于尺寸注法的规定。

一、尺寸标注的基本要求

1．正确性

应确保尺寸数值正确无误，所注的尺寸（包括尺寸数字、符号、箭头、尺寸线和尺寸界线等）要符合国家标准的有关规定。

2．完整性

为了将尺寸注得完整，应先按形体分析法注出确定各基本形体的定形尺寸，再标注确定它们之间相对位置的定位尺寸，最后根据组合体的结构特点，注出总体尺寸。

（1）定形尺寸　确定组合体中各基本形体的形状和大小的尺寸，称为定形尺寸。

如图 3-15a 所示，底板的定形尺寸有长 70、宽 40、高 12，圆孔直径 $2 \times \phi 10$，圆角半径 $R10$；立板的定形尺寸有长 32、宽 12、高 38，圆孔直径 $\phi 16$。

提示：相同的圆孔要标注孔的数量（如 $2 \times \phi 10$），但相同的圆角不需标注数量。两者都不要重复标注。

（2）定位尺寸　确定组合体中各基本形体之间相对位置的尺寸，称为定位尺寸。

标注定位尺寸时，应先选择尺寸基准。尺寸基准是指标注或测量尺寸的起点。组合体具有长、宽、高三个方向的尺寸，每个方向都应有尺寸基准，以便从基准出发，确定基本形体在各方向上的相对位置。选择尺寸基准必须体现组合体的结构特点，并便于尺寸度量。通常以组合体的底面、端面、对称面、回转体轴线等作为尺寸基准。

如图 3-15b 所示，组合体左右对称面为长度方向的尺寸基准，由此注出两圆孔的定位尺寸 50；后端面为宽度方向的尺寸基准，由此注出底板上圆孔的定位尺寸 30，立板与后端面的定位尺寸 8；底面为高度方向的尺寸基准，由此注出立板上圆孔与底面的定位尺寸 34。

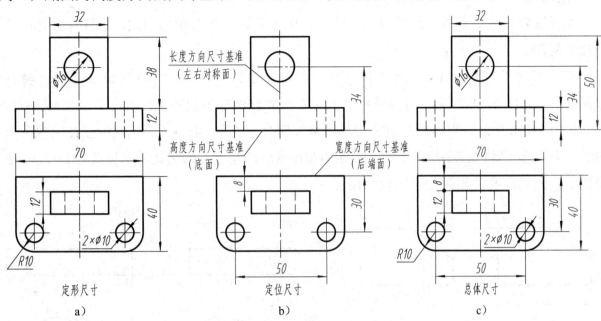

图 3-15　组合体的尺寸注法

（3）总体尺寸　确定组合体外形的总长、总宽、总高尺寸，称为总体尺寸。

如图 3-15c 所示，该组合体总长和总宽尺寸即底板的长 70、宽 40，不再重复标注。总高尺寸 50 从高度方向的尺寸基准注出。总高尺寸标注之后，要去掉立板的高度尺寸 38，否则会出现多余尺寸。

> 提示：当组合体的一端或两端为回转体时，总体尺寸是不能直接注出的，否则会出现重复尺寸。如图 3-16a
> 所示组合体，其总长尺寸（76=52+R12×2）和总高尺寸（42=28+R14）是间接确定的，因此，图 3-16b
> 所示标注总长 76、总高 42 是错误的。

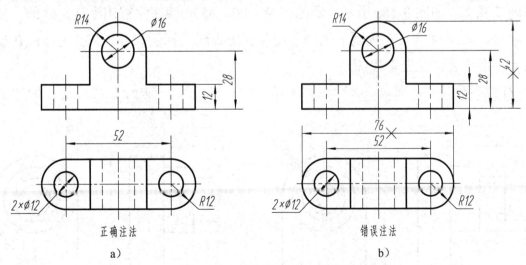

图 3-16　不注总体尺寸的情况

综上所述，定形尺寸、定位尺寸、总体尺寸可以相互转化。实际标注尺寸时，应认真分析，避免多注或漏注尺寸。

3．清晰性

尺寸标注除要求完整外，还要求标得清晰、明显，以方便看图。为此，标注尺寸时应注意以下几个问题。

1）定形尺寸尽可能标注在表示形体特征明显的视图上，定位尺寸尽可能标注在位置特征清楚的视图上。如图 3-17a 所示，将五棱柱的五边形尺寸标注在主视图上，比分开标注（图 3-17b）要好。如图 3-17c 所示，腰形板的俯视图形体特征明显，半径 R4、R7 等尺寸标注在俯视图上是正确的，而图 3-17d 的标注是错误的。如图 3-15b 所示，底板上两圆孔的定位尺寸 50、30 注在俯视图上，则两圆孔的相对位置比较明显。

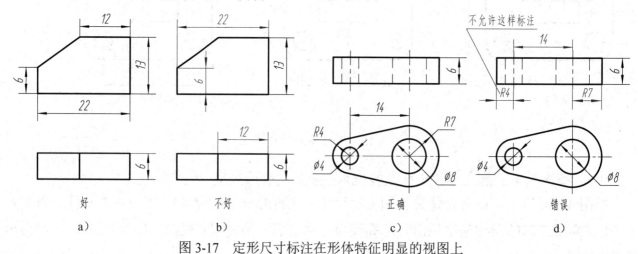

图 3-17 定形尺寸标注在形体特征明显的视图上

2）同一形体的尺寸应尽量集中标注。如图 3-15c 所示，底板的长度 70、宽度 40、两圆孔直径 2× φ10、圆角半径 R10、两圆孔定位尺寸 50、30 都集中注在俯视图上，便于看图时查找。

3）直径尺寸尽量注在投影为非圆的视图上，圆弧的半径应注在投影为圆的视图上。尺寸尽量不注在细虚线上。如图 3-18a 所示，圆的直径 φ20、φ30 注在主视图上是正确的，注在左视图上是错误的。而 φ14 注在左视图上是为了避免在细虚线上标注尺寸。R20 只能注在投影为圆的左视图上，而不允许注在主视图上。

4）平行排列的尺寸应将较小尺寸注在里面（靠近视图），大尺寸注在外面。如图 3-18a 所

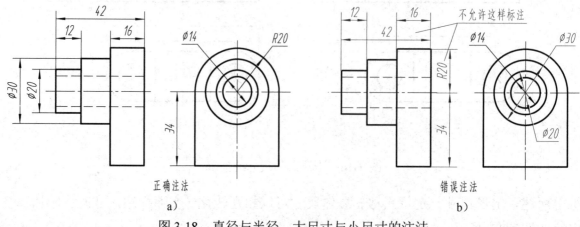

图 3-18 直径与半径、大尺寸与小尺寸的注法

示，12、16 两个尺寸应注在 42 的里面，注在 42 的外面是错误的，如图 3-18b 所示。

5）尺寸应尽量注在视图外边，相邻视图的相关尺寸最好注在两个视图之间，避免尺寸线、尺寸界线与轮廓线相交，如图 3-19a 所示。图 3-19b 所示的尺寸注法不够清晰。

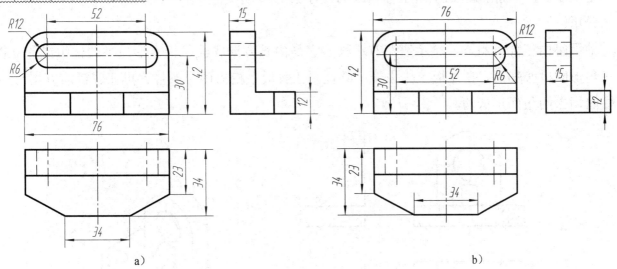

图 3-19　尺寸注法的清晰性

二、常见结构的尺寸注法

组合体常见结构的尺寸注法如图 3-20 所示。

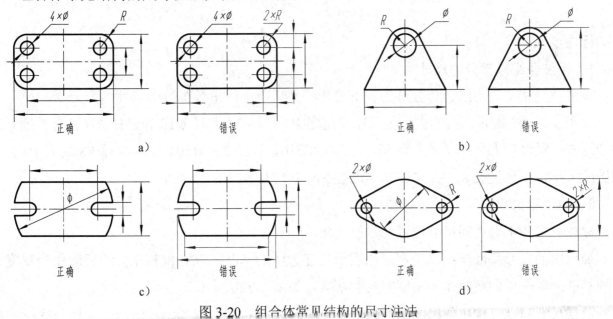

图 3-20　组合体常见结构的尺寸注法

> 提示：在图 3-20b、c、d 所示情况下，即组合体的一端或两端为回转面时，总高（总长）是不能直接注出的，否则会出现重复尺寸。

三、组合体的标注示例

组合体是由一些基本形体按一定的连接关系组合而成的。因此，在标注组合体的尺寸时，首先应按形体分析法将组合体分解为若干部分，逐个注出各部分的尺寸和各部分之间的定位尺寸，以及组合体长、宽、高三个方向的总体尺寸。

【例 3-2】 标注图 3-21 所示轴承座的尺寸。

分析

轴承座由三部分组成。轴承座左右对称。它是由长方形底板、长方形与半圆柱组成的立板和三角形肋板叠加后，在立板上挖去一个圆柱，在底板上挖去两个圆柱，再在底板前方用 1/4 圆柱面切去两角而形成的。

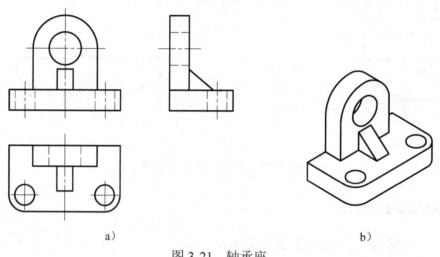

a)

b)

图 3-21　轴承座

标注步骤

1. 标注各组成部分的尺寸

按形体分析法，将组合体分解为若干部分，然后逐个注出各部分的尺寸。

如图 3-22a 中确定立板的大小，应标注高度 20、厚 10，孔径 $\phi16$ 和半径 $R16$（含长度）这四个尺寸。底板的大小，应标注长 56、宽 32、高 10、孔径 $2\times\phi10$、圆角半径 $R8$ 这五个尺寸。肋板的大小，应标注长 8、宽 12、高 10 这三个尺寸。

2. 标注定位尺寸

标注确定各部分之间相对位置的定位尺寸。

轴承座的尺寸基准是：以左右对称面为长度方向的基准；以底板和立板的后面作为宽度方向的基准；以底板的底面作为高度方向的基准，如图 3-22b 所示。

根据尺寸基准，标注各组成部分相对位置的定位尺寸，如图 3-22c 所示。立板与底板的相对位置，需标注轴承孔轴线距底板底面的高 30。底板上两个 $\phi10$ 孔的相对位置，应标注长度方向定位尺寸 40 和宽度方向定位尺寸 24 这两个尺寸。

3. 标注总体尺寸

如图 3-22d 所示，底板的长度 56 即为轴承座的总长。底板的宽度 32 即为轴承座的总宽。总高由立板轴承孔轴线高 30 加上立板上方圆弧半径 $R16$ 决定，三个总体尺寸已注全。

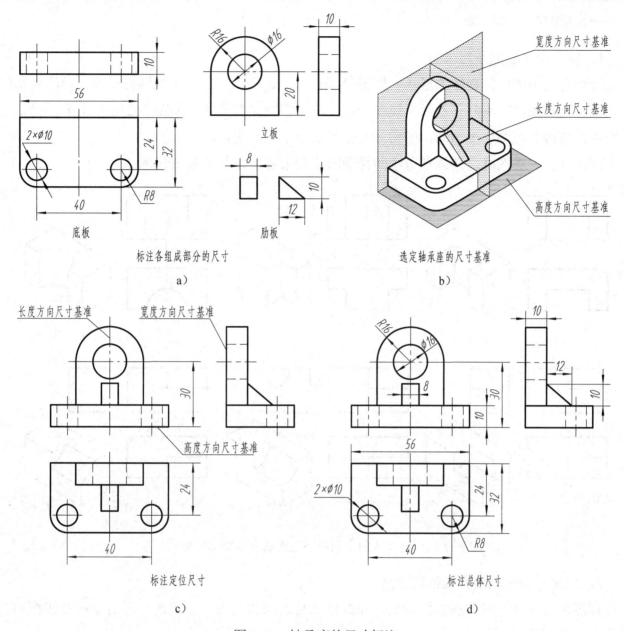

底板

标注各组成部分的尺寸

a）

立板

肋板

选定轴承座的尺寸基准

b）

标注定位尺寸

c）

标注总体尺寸

d）

图 3-22　轴承座的尺寸标注

提示：在图 3-22d 所示情况下，总高是不能直接注出的，即组合体的一端或两端为回转面时，应采用这种标注形式，否则会出现重复尺寸，也不便于测量。

第四节　看组合体视图的方法

画图，是将物体用正投影法表示在二维平面上；看图，则是依据视图，通过投影分析想象出物体的形状，是通过二维图形建立三维物体的过程。画图与看图是相辅相成的，看图是画图的逆过程。"照物画图"与"依图想物"相比，后者的难度要大一些。为了能够正确而迅速地看懂组合体视图，必须掌握看图的基本要领和基本方法，通过反复实践，不断培养空间思维能力，提高看图水平。

一、看图的基本要领

1．将几个视图联系起来看

一个视图不能确定物体的形状。如图 3-23a、b、c 所示，三个主视图都相同，但所表示的是三个不同的物体。有时只看两个视图，也无法确定物体的形状。如图 3-23d、e、f 所示，它们的主、俯两个视图完全相同，但实际上也是三个不同的物体。

由此可见，看图时，必须把所给的视图联系起来看，才能想象出物体的确切形状。

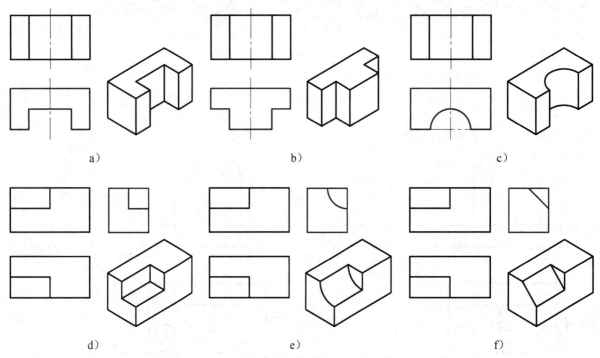

图 3-23　一个或两个视图不能确切表示物体的形状

2．搞清视图中图线和线框的含义

视图是由一个个封闭线框组成的，而线框又是由图线构成的。因此，弄清图线及线框的含义是十分必要的。

（1）图线的含义　如图 3-24a 所示，视图中的图线主要有粗实线、细虚线和细点画线。

1）粗实线或细虚线（包括直线和曲线）可以表示：

——具有积聚性的面（平面或柱面）的投影。

——面与面（两平面，或两曲面，或一平面和一曲面）交线的投影。

——曲面的转向素线的投影。

2）细点画线可以表示：

——回转体的轴线。

——对称中心线。

——圆的中心线。

（2）视图中线框的含义　线框有以下三种含义：

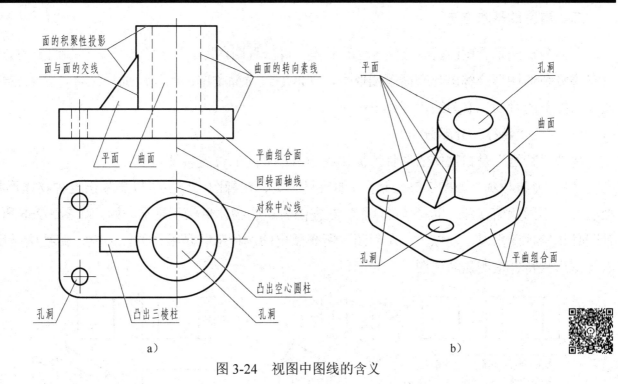

a)

b)

图 3-24 视图中图线的含义

1）一个封闭的线框，表示物体的一个面，可能是平面、曲面、组合面或孔洞，如图 3-24a、图 3-25a、d 所示。

2）相邻的两个封闭线框，表示物体上位置不同的两个面，如图 3-24a、图 3-25b、e 所示。由于不同线框代表不同的面，它们表示的面有前、后、左、右、上、下的相对位置关系，可以通过这些线框在其他视图中的对应投影来加以判断。

3）一个大封闭线框内所包含的各个小线框，表示在大平面体（或曲面体）上凸出或凹进各个小平面体（或曲面体），如图 3-24a、图 3-25c、f 所示。

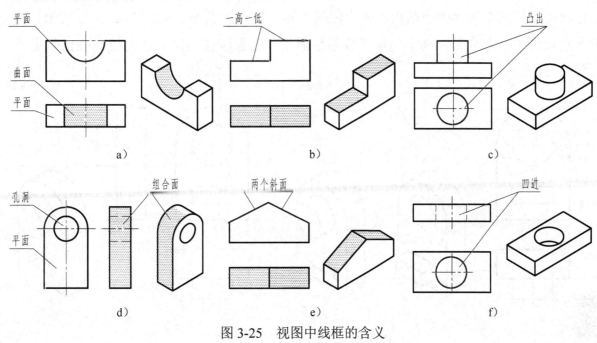

a)

b)

c)

d)

e)

f)

图 3-25 视图中线框的含义

二、看图的基本方法

形体分析法是看图的基本方法。运用形体分析法看图，关键在于掌握分解复杂图形的方法。只有将复杂的图形分解出几个简单图形来，才能通过对简单图形的识读加以综合，达到较快看懂复杂图形的目的，看图的步骤如下：

1. 抓住"特征"分部分

所谓"特征"是指物体的形状特征和各基本形体间的位置特征。

（1）形状特征　如图3-26a所示，如果只看主、左视图，至少可以想象出五种物体形状，画出五个不同的俯视图。也就是说，主、左视图表达的物体形状不是唯一的。如图3-26b所示，看图时从俯视图出发，辅以主、左视图，所想象出的物体形状是唯一的。显然，俯视图是反映该物体形状特征最明显的视图。

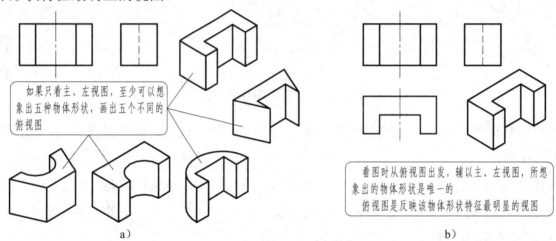

图3-26　形状特征明显的视图

（2）位置特征　在图3-27a中，大线框中包含两个小线框（一个圆、一个矩形），如果只看主、俯视图，两个物体哪个凸出？哪个凹进？至少有两种答案，如图3-27b、c所示。但如果将主、左视图配合起来看，则不仅形状容易想清楚，而且圆柱凸出、四棱柱凹进也确定了。显

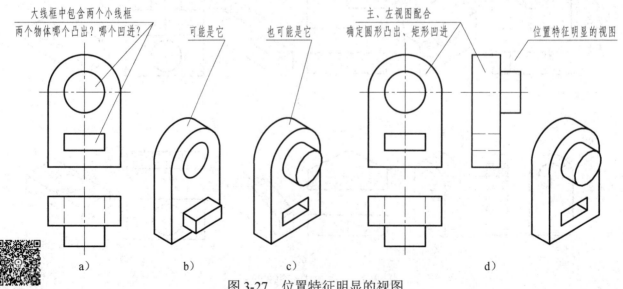

图3-27　位置特征明显的视图

然，左视图是反映该物体各组成部分之间位置特征最明显的视图，如图 3-27d 所示。

> 提示：组合体每一组成部分的特征，并非集中在一个视图上。在划分组合体的每一部分时，只要形状、位置特征有明显之处，就应从该视图入手，这样就能较快地将组合体分解成若干部分。

2．对准投影想形状

依据"长对正、高平齐、宽相等"的三等规律，从反映特征部分的线框（一般表示该部分形体）出发，分别在其他两视图上对准投影，并想象出它们的形状。

3．综合起来想整体

想出各组成部分的形状之后，再根据整体三视图，分析它们之间的相对位置和组合形式，进而综合想象出该物体的整体形状。

【例 3-3】 看懂图 3-28a 所示底座的三视图。

看图步骤

（1）抓住特征分部分 通过形体分析可知，俯视图较明显地反映了形体Ⅰ的特征，主视图较明显地反映了形体Ⅱ的特征，左视图较明显地反映了形体Ⅲ的特征。据此，该底座可大体分为三部分，如图 3-28a 所示。

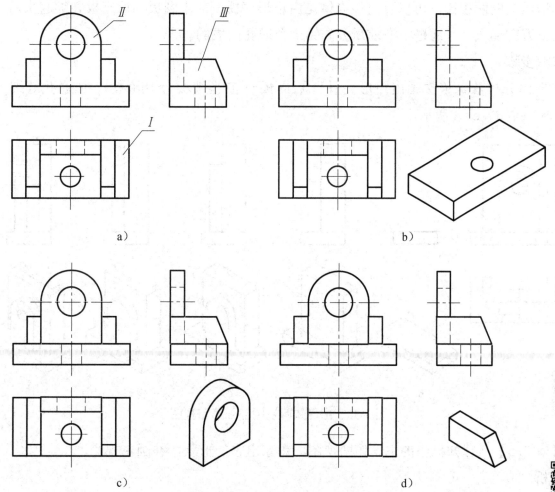

图 3-28 看底座三视图的方法

（2）对准投影想形状　依据"长对正、高平齐、宽相等"的规律，分别在其他两视图中找出对应投影，并想象出它们的形状，如图3-28b、c、d中的轴测图所示。

（3）综合起来想整体　半圆形立板Ⅱ在长方形底板Ⅰ的上面，两形体的对称面重合且后面靠齐；梯形立板Ⅲ在半圆形立板Ⅱ的左、右两侧，且与其相接，后面靠齐。综合想象出物体的整体形状，如图3-29所示。

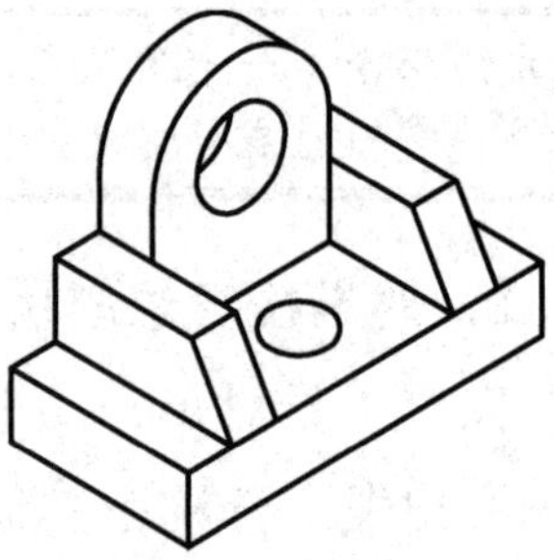

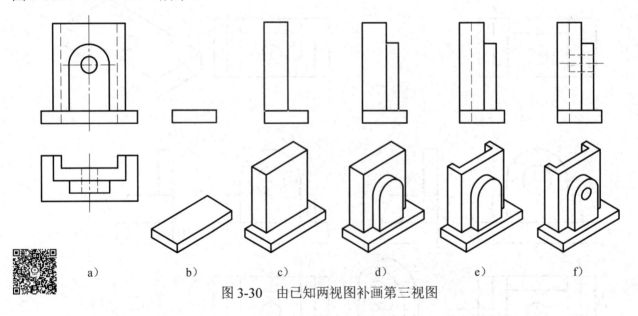

图3-29　底座轴测图

三、已知两视图补画第三视图

由已知两视图补画第三视图，是训练看图能力、培养空间想象力的重要手段之一。补画视图，实际上是看图和画图的综合练习，一般可按如下两步进行：

第一步，根据已给的视图按前述方法将视图看懂，并想象出物体的形状。

第二步，在想出形状的基础上进行作图。作图时，应根据已知的两个视图，按各组成部分逐个地作出第三视图，进而完成整个物体的第三视图。

【例3-4】　已知图3-30a所示主、俯两视图，补画左视图。

分析

根据已知的两视图，可以看出该物体是由矩形底板、前半圆板和后立板叠加起来后，在后部的上下方向切去一个通槽，在前后方向钻一个通孔而成的。

作图步骤

按形体分析法，依次画出矩形底板→后立板→前半圆板→切通槽→加通孔等细节，如图3-30b、c、d、e、f所示。

图3-30　由已知两视图补画第三视图

【例3-5】　已知机座的主、俯两视图，想象出它的形状，补画左视图。

分析

如图3-31a所示，根据机座的主、俯视图，想象出它的形状。乍一看，机座由带矩形通槽的底板、两个带圆孔的半圆形竖板组成，如图 3-31b 所示。但仔细分析主视图中的虚线和俯视图中与之对应的实线，在两个带圆孔的半圆形竖板之间，还应有一块矩形板，机座的整体形状如图 3-31c 所示。

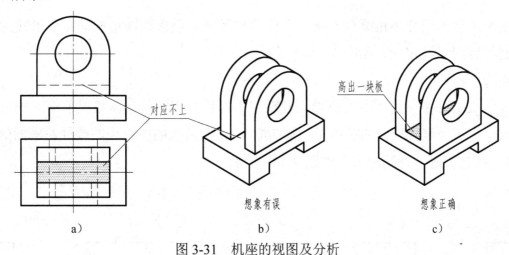

图 3-31　机座的视图及分析

作图步骤

1）根据主、俯视图，画出对称中心线及带通槽底板的左视图，如图 3-32b 所示。

2）画出两个带圆孔的半圆形竖板的左视图，如图 3-32c 所示。

3）画出两半圆形竖板之间矩形板的左视图（只是添加一条横线，但要去掉半圆形竖板上的一小段线），如图 3-32d 所示。

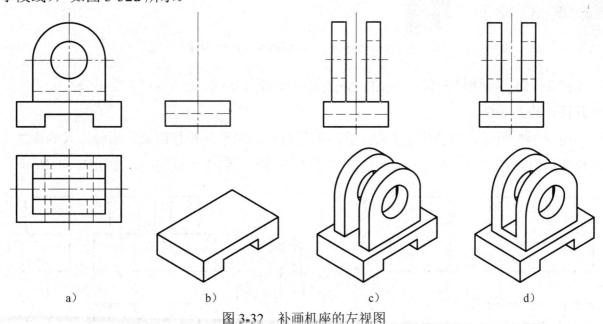

图 3-32　补画机座的左视图

四、补画视图中的漏线

补漏线就是在已知的三视图中，补画缺漏的图线。补漏线也是训练看图能力、培养空间想象力的重要手段之一。一般采用形体分析法，看懂三视图所表达的组合体形状，然后仔细检查组合体中各组成部分的投影是否有漏线，最后将缺漏的图线补出。

【例 3-6】 补画图 3-33a 所示组合体三视图中缺漏的图线。

分析

三视图所表达的组合体由圆柱、座板和四棱柱组成。座板和四棱柱的组合形式为叠加，圆柱和座板的组合形式为相切，如图 3-33b 所示。

作图步骤

对照各组成部分在三视图中的投影，发现在主视图中相切处（座板最前面）缺少一段粗实线；在左视图中缺少座板顶面的投影（一条细虚线）；在俯视图中缺少四棱柱左侧面的投影（一条细虚线），将它们逐一补画出来，如图 3-33c 所示。

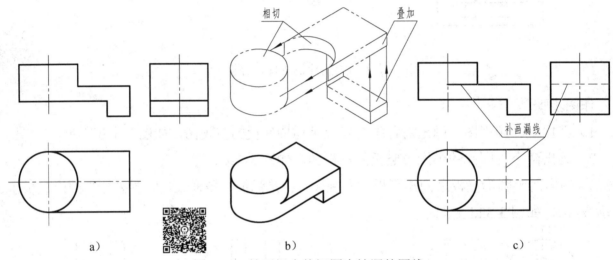

图 3-33 补画组合体视图中缺漏的图线

【例 3-7】 补画图 3-34a 所示主、左视图中缺漏的图线。

分析、补画漏线

如图 3-34b 所示，组合体三视图所表达的组合体由两个四棱柱组成，组合形式为叠加，两四棱柱的前面及左右两侧面不平齐，主、左视图缺两条（红色）粗实线，如图 3-34c 所示。

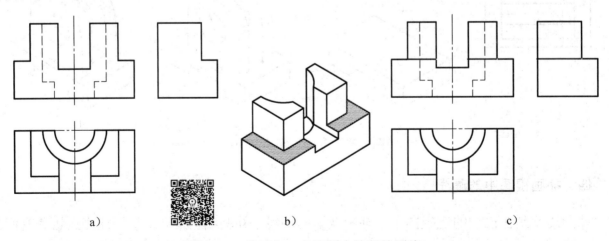

图 3-34 补画主、左视图中缺漏的图线

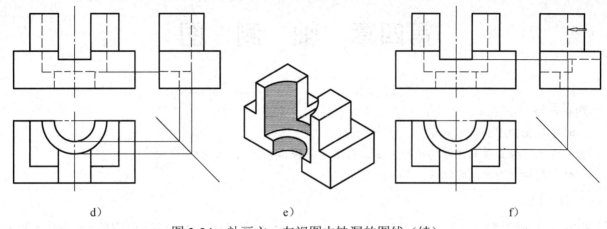

d)　　　　　　　　　　e)　　　　　　　　　　f)

图 3-34　补画主、左视图中缺漏的图线（续）

俯视图中两同心半圆弧与主视图中的竖向细虚线相对应，是两个半圆孔（阶梯孔），主视图应补画两半圆孔的分界线，左视图应补画两半圆孔的轮廓线及分界线，如图 3-34d 所示。

组合体上方开一矩形通槽，左视图应补画槽底线及通槽与大半圆孔的交线（箭头所指处向里收缩，并应去掉一段大半圆孔的轮廓线），如图 3-34e、f 所示。

素养提升

2016 年"工匠精神"首次出现在政府工作报告中，"鼓励企业开展个性化定制柔性化生产，培育精益求精的工匠精神，增品种、提品质、创品牌"，说明"工匠精神"已经得到了党和国家的高度重视。"工匠精神"是一种职业精神，它是职业道德、职业能力、职业品质的体现。中国商飞上海飞机制造有限公司数控机加工车间钳工组组长胡双钱就是一位拥有非凡技术的大国工匠。至今，他还是一名工人身份的老师傅，但这并不妨碍他成为制造中国大飞机团队里不可缺少的一分子。要做好一件事，不难。要做好一天的工作，也不难。但是，要在几十年间，不出差错，做好每一件事，却是难上加难。出色的工作技能，良好的工作习惯，谦虚谨慎的工作态度，精益求精的工作作风，最终锻造出了胡双钱这样的大国工匠。

至此，我们学习了机械制图的投影理论和组合体的画法、尺寸标注和读组合体视图的基本方法，为绘制机械图样奠定了一定的基础。在做练习时，一定要拿出工匠精神，认真做好每一道题，努力做到少出错或不出错；对每条图线的画法，每个数字、字母的写法，都要严格按照国家标准的规定执行，绝不能马虎了事。

建议同学们：打开百度App，搜索央视综合频道《大国工匠》，选看第二集。

第四章 轴 测 图

知识目标
- 了解轴测图的基本知识。
- 重点掌握正等轴测图的绘制方法。基本掌握斜二等轴测图的绘制方法。
- 了解轴测图的尺寸注法。

看出来了吗？图 4-1 所示的是同一个零件——轴承座。图 4-1a 是轴承座的轴测图（俗称立体图），图 4-1b 是轴承座的三视图。如果没经过前几章的学习，你能看懂轴承座的三视图吗？你肯定是在摇头了。但你一定会说："即使没学过制图，我也能看懂轴承座的立体图。"你说得对。你一定会想，立体图是怎么画出来的？我能画出来吗？告诉你吧，通过本章的学习，你不但能看懂立体图，还能在需要的时候信手勾勒出简单的立体图。看到一个个立体跃然纸上，你会体验到一种从未有过的喜悦之情。

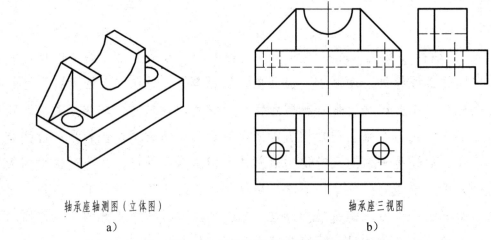

轴承座轴测图（立体图）　　　　　　　　　　轴承座三视图

a）　　　　　　　　　　　　　　　　　　　　　b）

图 4-1　轴测图与三视图的比较

第一节　轴测图的基本知识

在机械图样中，主要是通过视图和尺寸来表达物体的形状和大小。由于视图是按正投影法绘制的，每个视图只能反映其二维空间大小，所以缺乏立体感。轴测图是用平行投影法绘制的单面投影图。由于轴测图能同时反映物体长、宽、高三个方向的形状，所以具有立体感。但轴测图的度量性差，作图复杂，因此在机械图样中只能用作辅助图样。

一、轴测图的形成

<u>将物体连同其参考直角坐标系，沿不平行于任一坐标平面的方向，用平行投影法将其投射在单一投影面上所得到的图形，称为轴测图</u>，如图 4-2 所示。

图 4-2a 表示空间的投射情况，其投影即为常见的轴测图，投影面 *P* 称为轴测投影面，如图 4-2b 所示。

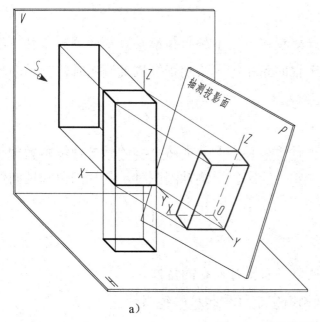
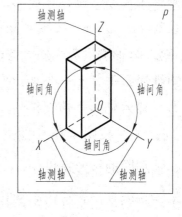

图 4-2　轴测图的获得

二、术语和定义（GB/T 4458.3—2013）

1. 轴测轴

空间直角坐标轴在轴测投影面上的投影，称为轴测轴，如图 4-2b 中的 *OX*、*OY*、*OZ* 轴。

2. 轴间角

轴测图中两轴测轴之间的夹角，称为轴间角，如图 4-2b 中的 $\angle XOY$、$\angle YOZ$、$\angle XOZ$。

3. 轴向伸缩系数

轴测轴上的单位长度与相应投影轴上的单位长度的比值，称为轴向伸缩系数。不同的轴测图，其轴向伸缩系数不同，如图 4-3 所示。

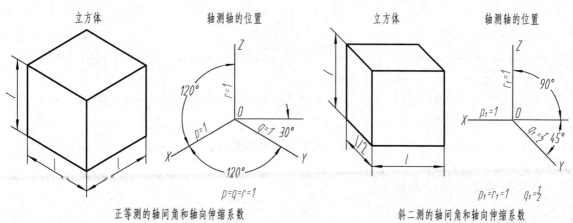

图 4-3　轴间角和轴向伸缩系数的规定

三、一般规定

理论上轴测图可以有许多种，但从作图简便等因素考虑，一般采用以下两种：

1．正等轴测投影（正等轴测图）

用正投影法得到的轴测投影，称为正轴测投影。三个轴向伸缩系数均相等的正轴测投影，称为正等轴测投影，简称正等测。此时三个轴间角相等。绘制正等测轴测图时，其轴间角和轴向伸缩系数（p、q、r）按图 4-3a 中的规定绘制。

2．斜二等轴测投影（斜二等轴测图）

轴测投影面平行于一个坐标平面，且平行于坐标平面的那两个轴的轴向伸缩系数相等的斜轴测投影，称为斜二等轴测投影，简称斜二测。绘制斜二测轴测图时，其轴间角和轴向伸缩系数（p_1、q_1、r_1）按图 4-3b 中的规定绘制。

四、轴测图的投影特性

由于轴测图是用平行投影法绘制的，所以具有平行投影的特性。

1）物体上与坐标轴平行的线段，在轴测图中平行于相应的轴测轴。

2）物体上相互平行的线段，在轴测图中相互平行。

第二节　正等轴测图

一、正等测轴测轴的画法

在绘制正等测轴测图时，先要准确地画出轴测轴，然后才能根据轴测图的投影特性，画出轴测图。如图 4-3a 所示，正等测中的轴间角相等，均为120°。绘图时，可利用丁字尺和30°三角板配合，准确地画出轴测轴，如图 4-4 所示。

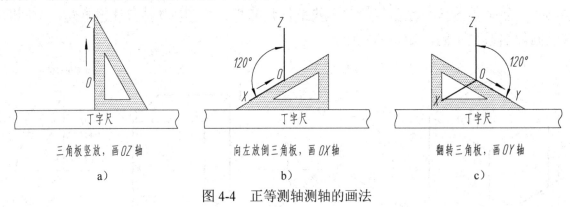

三角板竖放，画OZ轴	向左放倒三角板，画OX轴	翻转三角板，画OY轴
a）	b）	c）

图 4-4　正等测轴测轴的画法

二、平面立体的正等测画法

1．坐标法

绘制正等测的基本方法是坐标法。作图时，首先定出空间直角坐标系，画出轴测轴；再按立体表面上各顶点或直线的端点坐标，画出其轴测投影；最后分别连线，完成轴测图。

【例4-1】　根据图4-5a所示正六棱柱的两视图，画出其正等测。

分析

由于正六棱柱前后、左右对称，故选择顶面的中点作为坐标原点，棱柱的轴线作为 Z 轴，顶面的两条对称中心线作为 X、Y 轴，如图4-5a所示。用坐标法从顶面开始作图，可直接作出顶面六边形各顶点的坐标。

作图步骤

1）画出轴测轴，定出Ⅰ、Ⅱ、Ⅲ、Ⅳ点；通过Ⅰ、Ⅱ点，作 X 轴的平行线，如图4-5b所示。

2）在过Ⅰ、Ⅱ点的平行线上，确定 m、n 点，连接各顶点得到六边形的正等测，如图4-5c所示。

3）过六边形的各顶点，向下作 Z 轴的平行线，并在其上截取高度 h，画出底面上可见的各条边，如图4-5d所示。

4）擦去作图线并描深，完成正六棱柱的正等测，如图4-5e所示。

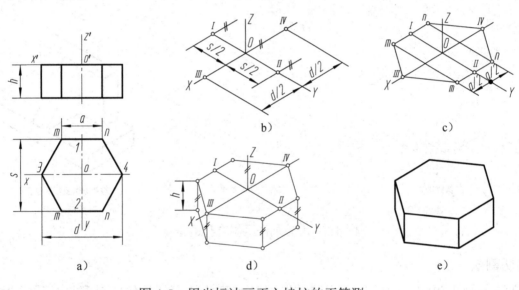

图4-5　用坐标法画正六棱柱的正等测

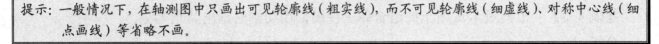

提示：一般情况下，在轴测图中只画出可见轮廓线（粗实线），而不可见轮廓线（细虚线）、对称中心线（细点画线）等省略不画。

2．叠加法

叠加法是画正等测常用的方法之一。即先将组合体分解成若干个基本形体，然后按其相对位置逐个地画出各基本形体的轴测图，进而完成整体的轴测图，这种方法称为叠加法。

【例4-2】　根据图4-6a所示组合体三视图，用叠加法画出其正等测。

分析

该组合体由长方形底板、立板及一块三角形肋板叠加而成，可采用叠加法画其正等测。底板和立板靠后对齐，且组合体左、右对称，故选择对称面的两条对称中心线作为 Y、Z 轴，长方形底板上方后面中点作为坐标原点，如图 4-6a 所示。

作图步骤

1）先画轴测轴，再画出长方形底板的正等测，如图 4-6b、c 所示。

2）在长方形底板的上方添加立板，如图 4-6d 所示。

3）在长方形底板的上方、立板的前方添加三角形肋板，去掉多余图线后描深，完成组合体的正等测，如图 4-6e、f 所示。

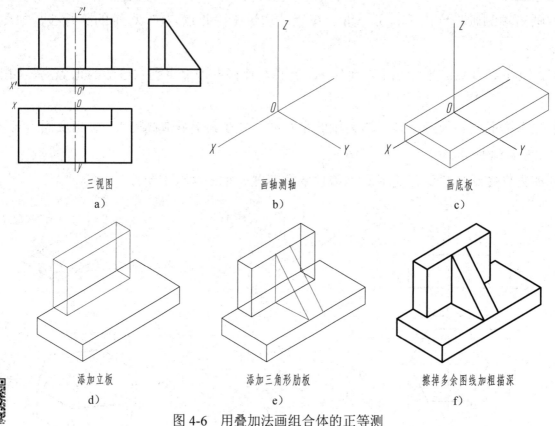

三视图	画轴测轴	画底板
a）	b）	c）

添加立板	添加三角形肋板	擦掉多余图线加粗描深
d）	e）	f）

图 4-6 用叠加法画组合体的正等测

3. 切割法

切割法是画正等测常用的另一方法。先画出完整的基本几何体的轴测图（通常为方箱），然后按其结构逐个切去多余的部分，进而完成组合体的轴测图，这种方法称为切割法。

【例 4-3】 根据图 4-7a 所示的组合体三视图，用切割法画出其正等测。

分析

该组合体是由一长方体经过多次切割而形成的。画其正等测时，可用切割法，即先画出整体（方箱），再逐步截切而成。

作图步骤

1）先画出轴测轴；再画出长方体（方箱）的正等测，如图 4-7b、c 所示。

2）在长方体的基础上，切掉左上角（两条斜线要相互平行），如图 4-7d 所示。

3）在左下方切出方形槽，如图 4-7e 所示。

4）擦掉多余图线后加粗描深，完成组合体的正等测，如图 4-7f 所示。

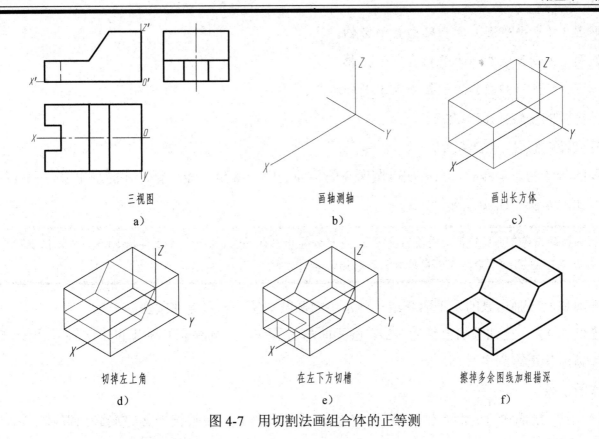

三视图
a)

画轴测轴
b)

画出长方体
c)

切掉左上角
d)

在左下方切槽
e)

擦掉多余图线加粗描深
f)

图 4-7 用切割法画组合体的正等测

三、曲面立体的正等测画法

1. 不同坐标面的圆的正等测画法

在正等测中，三个坐标面上的圆的轴测投影都是椭圆，其长轴和短轴的比例都是相同的，即椭圆的大小相同。

从图 4-8a 可以看出，椭圆长轴的方向与相应的轴测轴 X、Y、Z 垂直，短轴的方向与相应的轴测轴 X、Y、Z 平行。平行于不同坐标面的圆的正等测，除了椭圆长、短轴方向不同外，其画法是一样的。椭圆具有如下特征：

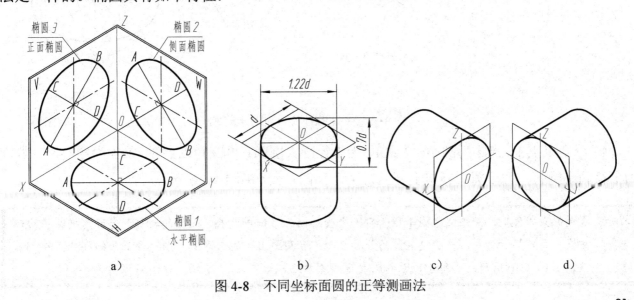

a)

b)

c)

d)

图 4-8 不同坐标面圆的正等测画法

椭圆1（水平椭圆）的长轴垂直于 Z 轴。

椭圆2（侧面椭圆）的长轴垂直于 X 轴。

椭圆3（正面椭圆）的长轴垂直于 Y 轴。

各椭圆的长轴：$AB \approx 1.22d$。

各椭圆的短轴：$CD \approx 0.7d$。

画回转体的正等测时，只有明确圆所在的平面与哪一个坐标面平行，才能画出方位正确的椭圆，如图 4-8b、c、d 所示。

> 提示：画圆的正等测时，只要知道圆的直径 d，即可计算出椭圆的长、短轴，如图 4-8b 所示。应记住 1.22d 和 0.7d 这两个参数，在利用计算机画椭圆时非常方便。

椭圆是怎么画出来的？下面介绍一种常用的椭圆画法——六点共圆法。

【例 4-4】 已知圆的直径为 $\phi24$，圆平面与 H 面平行（即椭圆长轴垂直于 Z 轴），用六点共圆法画出其正等测。

作图步骤

1）画出 H 面包含的两个轴测轴 X、Y 及 Z（椭圆短轴），在垂直于 Z 方向画出椭圆长轴，如图 4-9a 所示。

2）以原点 O 为圆心、$R12$ 为半径画圆，交 X 轴、Y 轴得 A、B、C、D 四点，与 Z 轴（椭圆短轴）相交，得点 1、点 2，如图 4-9b 所示。

3）连接 $A2$ 和 $D2$，与椭圆长轴交于点 3、点 4，如图 4-9c 所示。

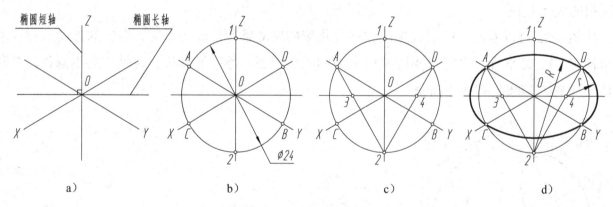

图 4-9 六点共圆法画圆的正等测

4）分别以点 1、点 2 为圆心、R（$2A$）为半径画大圆弧；再分别以点 3、点 4 为圆心、r（$4D$）为半径画小圆弧，四段圆弧相切于 A、B、C、D 四点，如图 4-9d 所示。

> 提示：画圆的正等测时，必须搞清圆平行于哪一个坐标面。根据椭圆长、短轴的特征，先确定椭圆的短轴方向；再作短轴的垂线，确定椭圆的长轴方向，进而画出圆的正等测。平行于正面的圆的正等测画法，如图 4-10 所示。平行于侧面的圆的正等测画法，如图 4-11 所示。作图步骤同图 4-9。

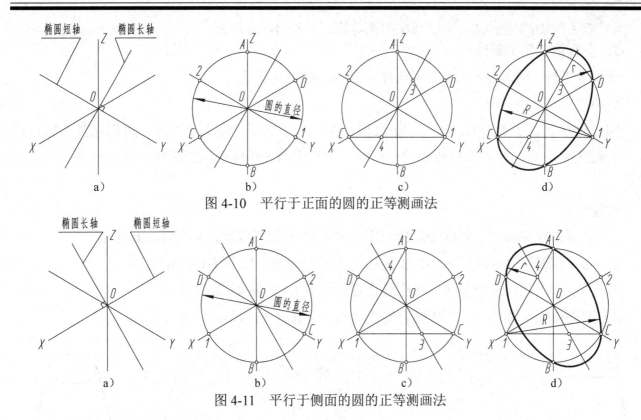

图 4-10　平行于正面的圆的正等测画法

图 4-11　平行于侧面的圆的正等测画法

2．圆柱的正等测画法

【例 4-5】　根据图 4-12a 所示圆柱的视图，画出其正等测。

分析

圆柱轴线垂直于水平面，其上、下底两个圆与水平面平行（即椭圆长轴垂直 Z 轴）且大小相等。可根据直径 d 和高度 h 作出大小完全相同、中心距为 h 的两个椭圆，然后作两个椭圆的公切线即可。

作图步骤

1）采用六点共圆法。画出轴测轴，作出上底圆的正等测，如图 4-12b 所示。

2）向下量取圆柱的高度 h，作出下底圆的正等测，如图 4-12c 所示。

3）分别作出两椭圆的公切线，如图 4-12d 所示。

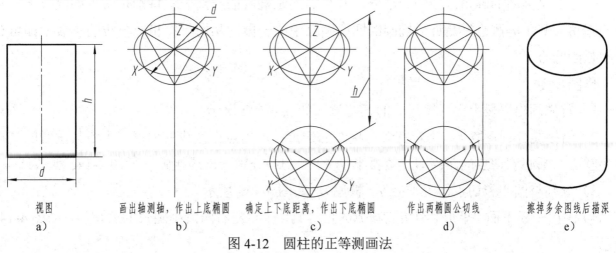

视图	画出轴测轴，作出上底椭圆	确定上下底距离，作出下底椭圆	作出两椭圆公切线	擦掉多余图线后描深
a)	b)	c)	d)	e)

图 4-12　圆柱的正等测画法

4）擦去作图线并描深，完成圆柱的正等测，如图 4-12e 所示。

3．圆台的正等测画法

【例 4-6】 根据图 4-13a 所示圆台的视图，画出其正等测。

分析

圆台轴线垂直于水平面，其上、下底两个圆与水平面平行但大小不等。可根据其上底直径 d_2、下底直径 d_1 和高度 h 作出两个大小不同、中心距为 h 的椭圆，然后作出两个椭圆的公切线即可。

作图步骤

1）采用六点共圆法。画出轴测轴，作出上底圆 d_2 的正等测，如图 4-13b 所示。

2）向下量取圆台的高度 h，作出下底圆 d_1 的正等测，如图 4-13c 所示。

3）分别作出两椭圆的公切线（注意切点的位置），如图 4-13d 所示。

4）擦去作图线并描深，完成圆台的正等测，如图 4-13e 所示。

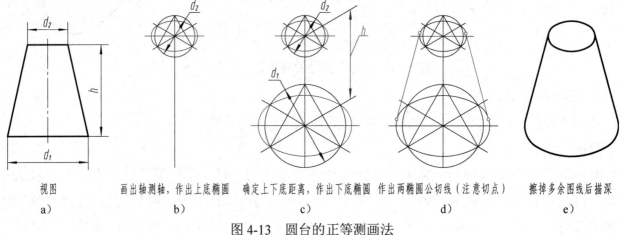

视图	画出轴测轴，作出上底椭圆	确定上下底距离，作出下底椭圆	作出两椭圆公切线（注意切点）	擦掉多余图线后描深
a)	b)	c)	d)	e)

图 4-13 圆台的正等测画法

4．圆角正等测的简化画法

【例 4-7】 根据图 4-14a 所示带圆角平板的两视图，画出其正等测。

分析

平行于坐标面的圆角是圆的一部分，其正等测是椭圆的一部分。特别是常见的四分之一圆周的圆角，其正等测恰好是近似椭圆的四段圆弧中的一段。从切点作相应棱线的垂线，即可获得圆弧的圆心。

作图步骤

1）首先画出平板上面（矩形）的正等测，如图 4-14b 所示。

2）沿棱线分别量取 R，确定圆弧与棱线的切点；过切点作棱线的垂线，垂线与垂线的交点即为圆心，圆心到切点的距离即连接弧半径 R_1 和 R_2；分别画出连接弧，如图 4-14c 所示。

3）分别将圆心和切点向下平移 h（板厚），如图 4-14d 所示。

4）画出平板下面（矩形）和相应圆弧的正等测，作出左右两段小圆弧的公切线，如图 4-14e 所示。

5）擦去作图线并描深，完成带圆角平板的正等测，如图 4-14f 所示。

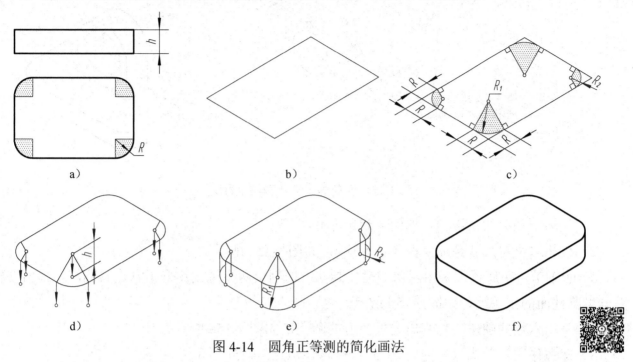

a)　　　　　　　　　b)　　　　　　　　　c)

d)　　　　　　　　　e)　　　　　　　　　f)

图 4-14　圆角正等测的简化画法

四、组合体的正等测画法

画组合体的轴测图时，仍应用形体分析法。对于切割型组合体用切割法，对于叠加型组合体用叠加法，有时也可两种方法并用。

【例 4-8】　根据图 4-15a 所示支架的两视图，画出其正等测。

分析

支架是由底板、立板叠加而成的。底板为长方体，有两个圆角；立板的上半部为半圆柱面，下半部为长方体，中间有一通孔。支架左右对称，底板和立板后表面共面，并以底板上面为结合面。为方便作图，坐标原点选在底板的上面与对称中心线的交点处。画轴测图时，先采用叠加法，再用切割法。

作图步骤

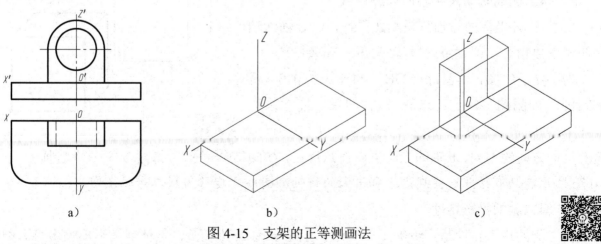

a)　　　　　　　　　b)　　　　　　　　　c)

图 4-15　支架的正等测画法

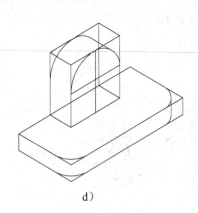
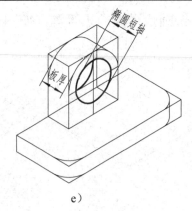
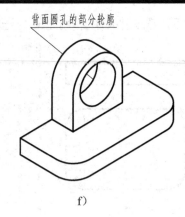

图 4-15　支架的正等测画法（续）

1）先画出底板的正等测，如图 4-15b 所示。

2）按相对位置尺寸叠加立板（长方体），如图 4-15c 所示。

3）画细节。在底板上采用圆角的简化画法，切割出两个圆角；采用六点共圆法，画出立板上方半圆柱面的正等测，如图 4-15d 所示。

4）采用六点共圆法，切割出立板上方的圆孔，如图 4-15e 所示。

5）擦去作图线并描深，完成支架的正等测，如图 4-15f 所示。

> 提示：若椭圆短轴尺寸大于板厚尺寸，则立板背面圆孔的部分轮廓应露出一部分，如图 4-15e、f 所示。

第三节　斜二等轴测图简介

一、斜二等轴测图的形成及投影特点

1. 斜二等轴测图的形成

斜二等轴测图是在确定物体的直角坐标系时，使 X 轴和 Z 轴平行于轴测投影面 P，用斜投影法将物体连同其坐标轴一起向 P 面投射，而得到的轴测图，简称斜二测，如图 4-16 所示。

2. 斜二测的轴间角和轴向伸缩系数

由于 XOZ 坐标面与轴测投影面平行，X、Z 轴的轴向伸缩系数相等，即 $p_1=r_1=1$，轴间角 $\angle XOZ=90°$。

为了便于绘图，国家标准 GB/T 4458.3—2013《机械制图　轴测图》规定：选取 Y 轴的轴向伸缩系数 $q_1=1/2$，轴间角 $\angle XOY=\angle YOZ=135°$，如图 4-17a 所示。随着投射方向的不同，Y 轴的方向可以任意选定，如图 4-17b 所示。只有按照这些规定绘制出来的斜轴测图，才能称为斜二等轴测图。

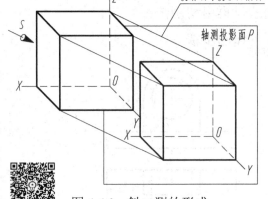

图 4-16　斜二测的形成

3. 斜二测的投影特性

斜二测的投影特性是：物体上凡平行于 XOZ 坐标面的表面，其轴测投影反映实形。利用这一特点，在绘制单方向形状较复杂的物体（主要是出现较多的圆）的斜二测时，比较简便易画。

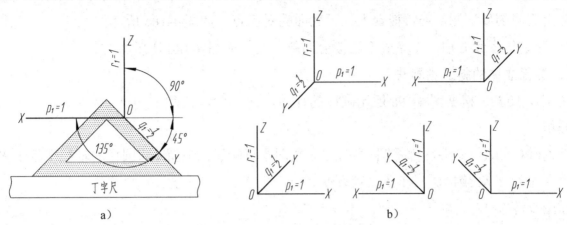

图 4-17　斜二测的轴间角和轴向伸缩系数

二、斜二测画法

斜二测的具体画法与正等测相似，但它们的轴间角及轴向伸缩系数均不同。由于斜二测中 OY 轴的轴向伸缩系数 $q_1=1/2$，所以在画斜二测时，沿 OY 轴方向的长度应取物体上相应长度的一半。

1．平面立体的斜二测画法

【例 4-9】　根据图 4-18a 所示正四棱台的两视图，画出其斜二测。

分析

正四棱台的上、下底面都是正方形且相互平行，棱台轴线垂直上、下底面的中心。棱台的前后、左右均对称。因此，将棱台的前后对称面作为 XOZ 坐标面，作图比较方便。

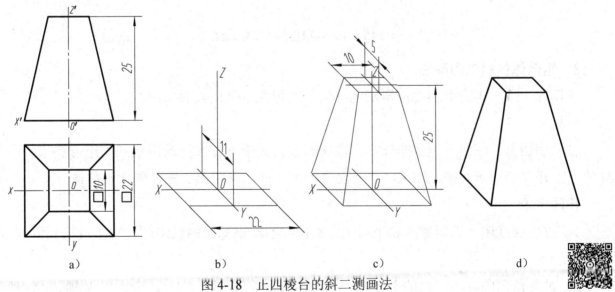

图 4-18　正四棱台的斜二测画法

作图步骤

1）画出轴测轴 OX、OY、OZ；在 OX 轴上量取 22，在 OY 轴上量取 11，画出四棱台下底面的斜二测，如图 4-18b 所示。

2）在 *OZ* 轴上量取棱台高 25，在 *OX* 轴的方向上量取 10，在 *OY* 轴的方向上量取 5，画出四棱台上底面的斜二测，连接棱台上、下底面的对应点，如图 4-18c 所示。

3）擦去作图线并描深，完成正四棱台的斜二测，如图 4-18d 所示。

2. 曲面立体的斜二测画法

【例 4-10】 根据图 4-19a 所示圆柱的视图，画出其斜二测。

分析

因为圆柱的左、右端面都是圆，将左、右端面平行于正面放置（即圆柱的轴线平行于 *Y* 轴），以右端面作为 *XOZ* 坐标面，作图比较方便。

作图步骤

1）画出轴测轴，在 *OY* 轴上量取 *L*/2，确定前、后端面的圆心，画出前、后端面上的两个圆，如图 4-19b 所示。

2）作出前、后两个圆的公切线，如图 4-19c 所示。

3）去掉多余图线后描深，完成圆柱的斜二测，如图 4-19d 所示。

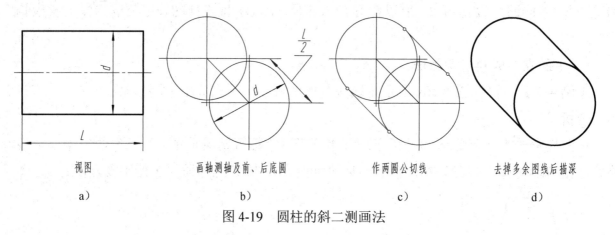

视图	画轴测轴及前、后底圆	作两圆公切线	去掉多余图线后描深
a)	b)	c)	d)

图 4-19 圆柱的斜二测画法

3. 组合体的斜二测画法

【例 4-11】 根据图 4-20a 所示轴承座的两视图，画出其斜二测。

分析

轴承座由上、下两个等宽的长方体叠加而成。其中下长方体的下边开有矩形通槽，上长方体的上方开有半圆形通槽，轴承座的前面平行于正面，采用斜二测作图比较简便。

作图步骤

1）首先在视图上确定原点和坐标轴，画出 *XOZ* 坐标面的轴测图（与主视图相同），如图 4-20b 所示。

2）过各角顶向后作 *Y* 轴的平行线，如图 4-20c 所示；量取 *L*/2，分别作 *X* 轴、*Z* 轴的平行线，画出后面的完整图形，如图 4-20d 所示。

3）过 *Z* 点向后作 *Y* 轴的平行线，得到圆心点 *A*，画出后面的半圆，如图 4-20e 所示。

4）擦去作图线并描深，完成轴承座的斜二测，如图 4-20f 所示。

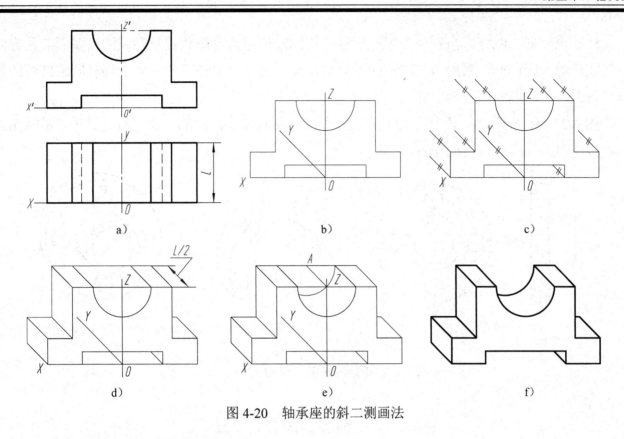

图 4-20　轴承座的斜二测画法

三、两种轴测图的比较

前面介绍了两种轴测图的画法。绘图时，应根据物体的结构特点来选用，既要使所画的轴测图立体感强、度量性好，又要使其作图简便。

在立体感和度量性方面，正等测比斜二测好。正等测在三个轴测轴方向上都可直接度量长度；斜二测只能在两个方向上直接度量，另一个方向（OY 轴）则按比例缩短了，作图时增加了麻烦。图 4-21 所示的物体，在三个方向上都有圆和圆弧，因此，采用正等测画法较为合适，而

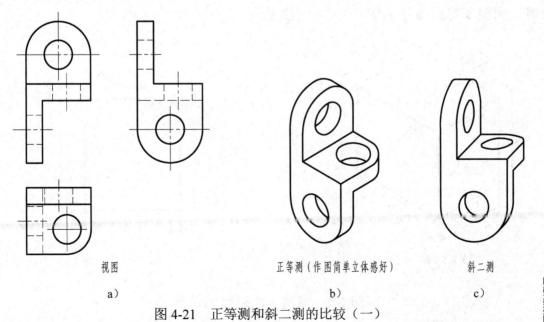

视图　　　　　　　　　正等测（作图简单立体感好）　　　　斜二测

a)　　　　　　　　　　　　　　b)　　　　　　　　　　　c)

图 4-21　正等测和斜二测的比较（一）

且立体感也比斜二测好。当物体在平行于某一投影面的方向上形状较复杂或圆较多而其他方向形状较简单或无圆时，采用斜二测画图就显得非常方便。对于在三个方向上均有圆或圆弧的物体，则采用正等测画图较为适宜。

图 4-22 所示的物体，沿其径向具有较多的圆，而其轴线方向的形状则较为简单，故采用斜二测画法最为适宜，可简化作图。

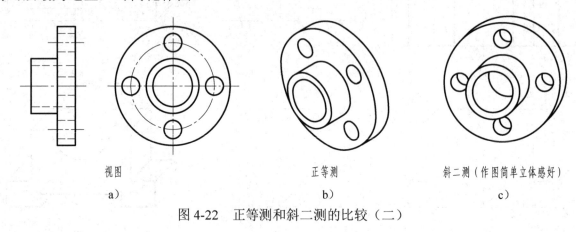

视图　　　　　　　　　正等测　　　　　斜二测（作图简单立体感好）

a)　　　　　　　　　　b)　　　　　　　　　c)

图 4-22　正等测和斜二测的比较（二）

第四节　轴测图的尺寸注法

国家标准 GB/T 4458.3—2013《机械制图　轴测图》规定了轴测图中的尺寸注法。

一、线性尺寸的注法

轴测图中的线性尺寸，一般应沿轴测轴的方向标注。尺寸数值为零件的公称尺寸。尺寸数字应按相应的轴测图形标注在尺寸线的上方。尺寸线必须和所标注的线段平行，尺寸界线一般应平行于某一轴测轴，如图 4-23 所示。当在图形中出现字头向下时应引出标注，将数字按水平位置注写，如图 4-23a、b 中右侧尺寸 35 的注法。

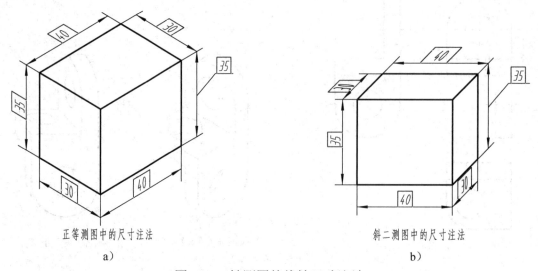

正等测图中的尺寸注法　　　　　　斜二测图中的尺寸注法

a)　　　　　　　　　　b)

图 4-23　轴测图的线性尺寸注法

二、圆和圆弧的注法

标注圆的直径尺寸时，尺寸线和尺寸界线应分别平行于圆所在的平面内的轴测轴，如图4-24中 $\phi24$ 的注法；标注圆弧半径或较小圆的直径时，尺寸线可从（或通过）圆心引出标注，但注写数字的横线必须平行于轴测轴，如图 4-24 中 $2\times\phi12$、$R5$ 的注法。

三、角度尺寸的注法

标注角度的尺寸线，应画成与该坐标平面平行的椭圆弧，角度数字一般写在尺寸线的中断处，字头向上，如图 4-25 所示。

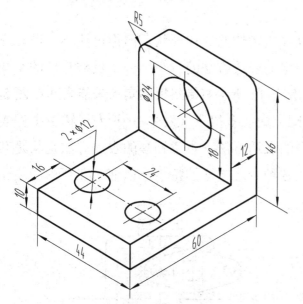

图 4-24　轴测图中圆的尺寸注法

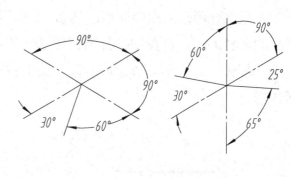

图 4-25　轴测图中角度尺寸的注法

正等轴测图的尺寸标注示例，如图 4-26 所示。

素养提升

中国在工程图学方面有着悠久的历史。早在公元 1100 年宋代李诫所著的《营造法式》中，不仅有轴测图，还有许多采用正投影法绘制的图样。这充分说明，在九百多年前，我国的工程制图技术已达到很高的水平。我们应该了解中华民族璀璨的历史文化和文明，建立民族自信和文化自信，树立爱国主义情怀和科技报国信念。

建议同学们：打开百度App，搜索央视综合频道《大国工匠》，选看第四集。

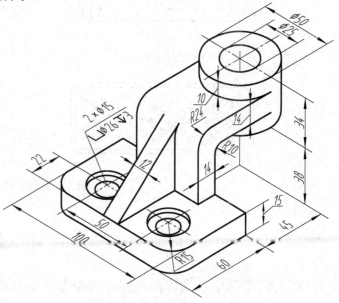

图 4-26　正等轴测图的尺寸标注示例

第五章　图样的基本表示法

知识目标

● 基本掌握视图、剖视图和断面图的基本概念、画法、标注方法和使用条件。
● 了解局部放大图和常用的简化表示法。
● 能初步应用各种表达方法，比较完整、清晰地表达物体内、外的结构形状。
● 了解第三角画法的基本内容。

　　通过前面所学的投影法可知，用三视图可以表达物体的结构形状。但你可能不知道，三视图只是表达物体的基本方法，仅仅是国家标准规定的表达方法的一小部分。机械零件的结构形状千变万化，都用三视图来表达不一定合适。如图 5-1a 所示右侧斜板的实形未能表达；图 5-1b 所示多孔板的孔画起来相当麻烦；图 5-1c 所示图上虚线多得令人发晕……为了解决工程实际中遇到的各种问题，制图国家标准规定了一系列的表达方法。本章列举的表达方法也只是其中常用的一部分。你在学习本章的时候，要多留意各种表达方法的特点，以便于在今后的绘图中灵活选用。

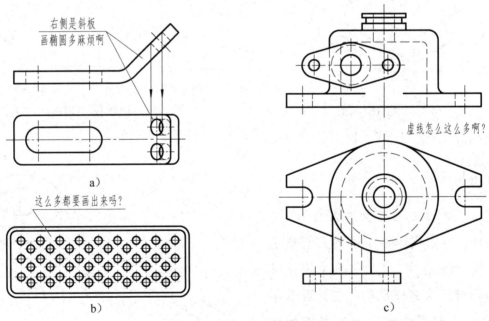

图 5-1　不好处理的图形

第一节　视　图

　　在生产实际中，物体的结构形状是多种多样的。当物体的结构形状比较复杂时，仅用三视图是难以把它们的内、外形状完整、清晰地表达出来的。为此，国家标准规定了视图、剖视图、断面图、局部放大图及简化画法等基本表示法。

根据有关标准和规定，用正投影法所绘制出物体的图形，称为视图。视图通常包括基本视图、向视图、局部视图和斜视图。

一、基本视图（GB/T 13361—2012、GB/T 17451—1998）

将物体向基本投影面投射所得的视图，称为基本视图。

当物体的构形复杂时，为了完整、清晰地表达物体的形状，国家标准规定，在原有三个投影面的基础上，再增设三个投影面，组成一个正六面体，六面体的六个面称为基本投影面，如图 5-2a 所示。将物体置于六面体中，由 *A*、*B*、*C*、*D*、*E*、*F* 六个方向，分别向基本投影面投射，即在主视图、左视图、俯视图的基础上，又得到了右视图、仰视图和后视图，如图 5-2b 所示。这六个视图，称为基本视图。

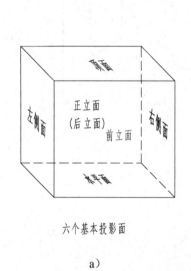

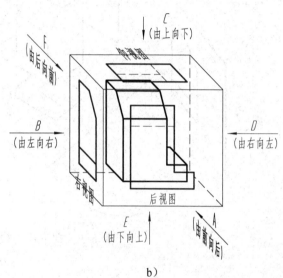

a）

b）

图 5-2　基本视图的获得

主视图（或称 *A* 视图）——由前向后投射（在后立面）所得的视图。

左视图（或称 *B* 视图）——由左向右投射（在右侧面）所得的视图。

俯视图（或称 *C* 视图）——由上向下投射（在水平面）所得的视图。

右视图（或称 *D* 视图）——由右向左投射（在左侧面）所得的视图。

仰视图（或称 *E* 视图）——由下向上投射（在顶面）所得的视图。

后视图（或称 *F* 视图）——由后向前投射（在前立面）所得的视图。

六个基本投影面的展开方法如图 5-3 所示，即正面保持不动，其他投影面按箭头所示方向旋转到与正面共处于同一平面的位置。

六个基本视图在同一张图样内按图 5-4 配置时，各视图一律不注图名。六个基本视图仍符合"长对正、高平齐、宽相等"的投影规律。除后视图外，其他视图靠近主视图的一边是物体的后面，远离主视图的一边是物体的前面。

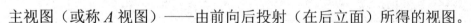

提示：在绘制机械图样时，一般并不需要将物体的六个基本视图全部画出，而是根据物体的结构特点和复杂程度，选择适当的基本视图。优先采用主、左、俯视图。

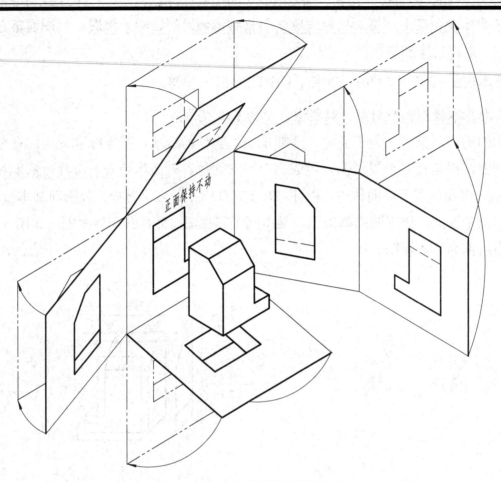

图 5-3　六个基本投影面的展开

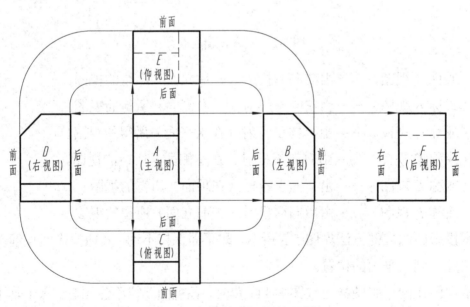

图 5-4　六个基本视图的配置

二、向视图（GB/T 17451—1998）

向视图是可以自由配置的视图。

在实际绘图过程中，有时难以将六个基本视图按图 5-4 的形式配置，此时如采用自由配置，即可使问题得到解决。如图 5-5b 所示，在向视图的上方标注视图名称"×"（×为大写拉丁字母，即 B、C、D、E、F 中的某一个），在相应的视图附近，用箭头指明投射方向，并标注相同的字母。

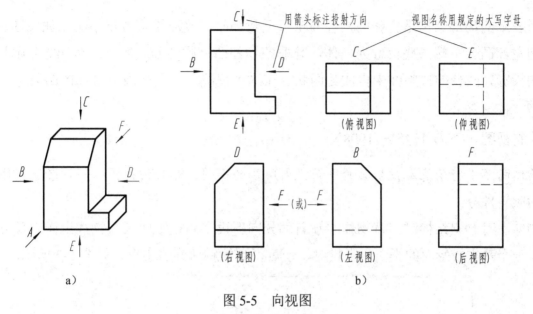

图 5-5　向视图

提示：①向视图是基本视图的另一种表达形式，是移位（不能旋转）配置的基本视图。②向视图的投射方向应与基本视图的投射方向一一对应。F 向的箭头也可指向右视图的图形 B。

三、局部视图（GB/T 17451—1998、GB/T 4458.1—2002）

将物体的某一部分向基本投影面投射所得的视图，称为局部视图。

如图 5-6a 所示，组合体左侧有一凸台。在主、俯视图中，圆筒和底板的结构已表达清楚，而凸台在主、俯视图中未表达清楚，如图 5-6b 所示。若画出完整的左视图，可以将凸台结构表达清楚，但大部分是重复的，如图 5-6e 所示。

此时采用"A"向局部视图，只画出基本视图的一部分表达凸台，而省略大部分左视图，可

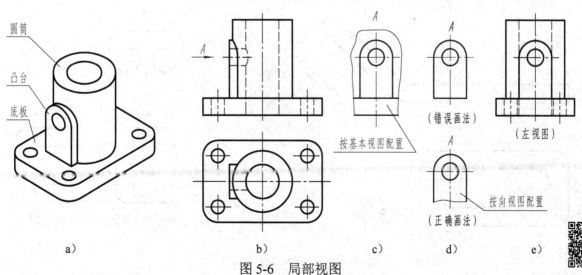

图 5-6　局部视图

使图形重点更突出、更清晰。局部视图的断裂边界通常以波浪线（或双折线）表示，如图 5-6c、d 所示。局部视图可按基本视图的位置配置，也可按向视图的配置形式配置并标注，如图 5-6c、d 所示。

当所表示的局部结构是完整的，且外轮廓又封闭时，波浪线可省略不画。如图 5-6a 所示，组合体的左部凸台下端与底板融为一体，并非整体外凸，图 5-6c 中下端的横线实际上是底板上表面的投影，凸台的投影并未自成封闭状。在这种情况下，必须画出底部的断裂边界线，如图 5-6d 所示。

四、斜视图（GB/T 17451—1998）

将物体向不平行于基本投影面的平面投射所得的视图，称为斜视图。斜视图通常用于表达物体上的倾斜部分。

当物体上有倾斜结构时，将物体的倾斜部分向新设立的投影面（与物体上倾斜部分平行，且垂直于一个基本投影面的平面）上投射，便可得到倾斜部分的实形，如图 5-7 所示。

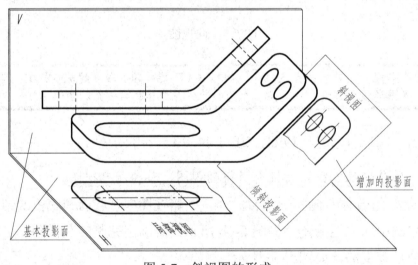

图 5-7　斜视图的形成

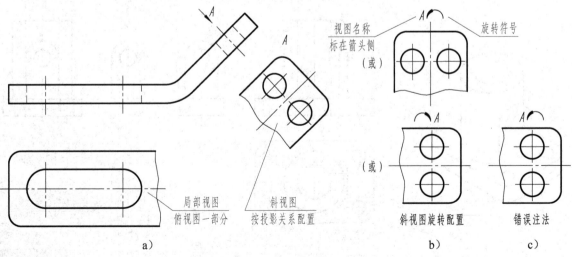

图 5-8　斜视图画法及标注

斜视图通常按向视图的配置形式配置并标注，如图 5-8a 所示。必要时，可将斜视图旋转配置。此时表示该视图名称的大写拉丁字母，应靠近旋转符号的箭头端"$A \curvearrowright$"，如图 5-8b 所示。旋转符号的方向应与实际旋转方向一致。旋转符号的半径等于字体高度 h。

斜视图一般只画出倾斜部分的局部形状，其断裂边界用波浪线表示。

提示：图 5-8c 所示为错误注法，哪里错了？

第二节　剖　视　图

当物体的内部结构比较复杂时，视图中就会出现较多的虚线。这些虚线与虚线、虚线与实线相互交错重叠，既不利于画图，也不利于看图和标注尺寸。为了清晰地表示物体的内部形状，国家标准规定了剖视图的表达方法。

一、剖视图的基本概念

你买过西瓜吗？如图 5-9 所示，怎样从一堆西瓜中挑选出一个好西瓜？挑选西瓜常采用手拍打、听声音的方法来判断西瓜的质量。这种方法对有相当经验的人可以，而大多数人是无法做出准确判断的。最准确、最简单的办法是用刀将西瓜切开，使原本看不见的西瓜内部暴露出来，西瓜的好坏也就一目了然了。所谓剖视图实际上也是借鉴这种方法得到的。

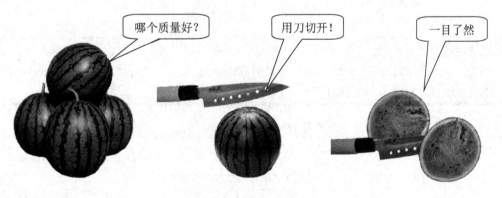

图 5-9　西瓜的剖切

1. 剖视图的获得（GB/T 17452—1998、GB/T 4458.6—2002）

假想用剖切面剖开物体，将处在观察者和剖切面之间的部分移去，而将其余部分向投影面投射所得的图形，称为剖视图，简称剖视，如图 5-10a 所示。

如图 5-10b、c 所示，将视图与剖视图相比较可以看出，由于主视图采用了剖视图的画法，原来不可见的孔变成可见的了，视图中的细虚线在剖视图中变成了粗实线，再加上在剖面区域内画出了规定的剖面符号，图形层次分明，更加清晰。

2. 剖面区域的表示法（GB/T 17453—2005、GB/T 4457.5—2013）

为了增强剖视图的表达效果，明辨虚实，通常要在剖面区域（即剖切面与物体的接触部分）画出剖面符号。剖面符号的作用：一是明显地区分切到与未切到部分，增强剖视的层次感；二是识别相邻零件的形状结构及其装配关系；三是区分材料的类别。

（1）需要在剖面区域中表示物体的材料类别时 应根据国家标准 GB/T 4457.5—2013《机械制图 剖面区域的表示法》的规定绘制。常用的剖面符号见表 5-1。由表中可见，金属材料的剖面符号与通用剖面线一致。剖面符号仅表示材料的类别，材料的名称和代号需在机械图样中另行注明。

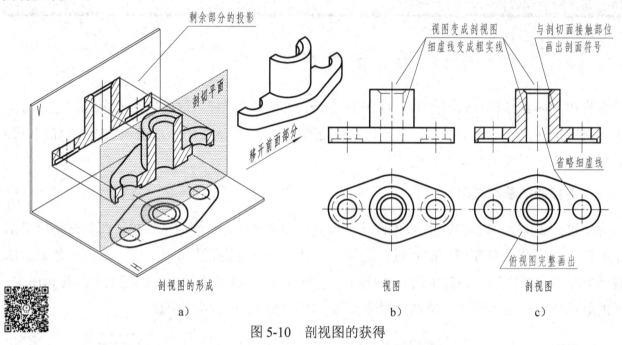

图 5-10　剖视图的获得

> 提示：在剖视图的定义中，前两个字是什么？"假想"！由于剖视图是一种假想画法，并不是真地将物体切去一部分，因此当物体的一个视图画成剖视图后，其他视图应该完整地画出，如图 5-10c 所示。若画成图 5-15c 所示的形式，就成了真切，那就错了。

表 5-1　剖面符号（摘自 GB/T 4457.5—2013）

材料类别	剖面符号	材料类别	剖面符号	材料类别	剖面符号
金属材料（已有规定剖面符号者除外）		非金属材料（已有规定的剖面符号者除外）		线圈绕组元件	
型砂、填砂、粉末冶金、砂轮、陶瓷刀片、硬质合金刀片等		液体		木材纵断面	
转子、电枢、变压器和电抗器等叠钢片		玻璃及供观察用的其他透明材料		木材横断面	

（2）不需要在剖面区域中表示物体的材料类别时 应根据国家标准的规定绘制，即：

1）剖面符号用通用剖面线表示。通用剖面线是与图形的主要轮廓线或剖面区域的对称中心线成45°角，且间距（≈3mm）相等的细实线，向左或向右倾斜均可，如图 5-11 所示。

2）同一物体的各个剖面区域，其剖面线的方向及间隔应一致。在图5-12所示的主视图中，由于物体倾斜部分的轮廓线与底面成45°，而不宜将剖面线画成与主要轮廓线成45°时，可将该图形的剖面线画成与底面成30°或60°的平行线，但其倾斜方向仍应与其他图形的剖面线保持一致；其他图形的剖面线仍画成45°，如图5-12a中的俯视图所示。

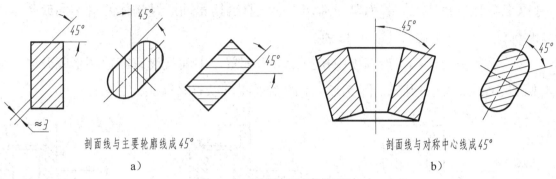

剖面线与主要轮廓线成45°
a)

剖面线与对称中心线成45°
b)

图5-11　通用剖面线的画法

> 提示：哪个剖视图的轮廓线倾斜接近45°，就将哪个剖视图中的剖面线画成30°或60°的平行线，其他图形中的剖面线仍画成45°，如图5-12a所示。图5-12b、c中的画法是错误的。

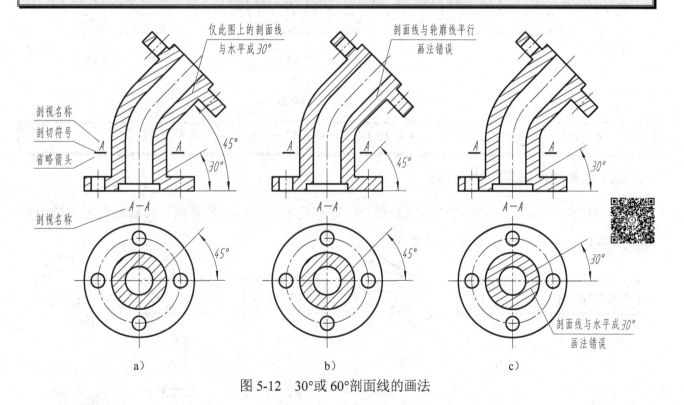

a)　　　　　　　　　　b)　　　　　　　　　　c)

图5-12　30°或60°剖面线的画法

3. 剖视图的标注

（1）剖视图标注的一般规则　为了便于看图，应将剖切位置、剖切后的投射方向和剖视图名称，标注在相应的剖视图上，如图5-13a所示。

1）剖切符号。表示剖切面的位置。在相应的视图上，用剖切符号（线长5～8mm的粗实线）表示剖切面的起、迄和转折位置，并尽量不与图形的轮廓线相交。

2）箭头。在剖切符号的两端外侧，用箭头指明剖切后的投射方向。

3）剖视图的名称。在剖切符号与箭头的拐角处，标注大写拉丁字母（A、A，B、B…）；在相应剖视图的上方标注剖视图的名称（$A—A$，$B—B$…）。

（2）省略或简化标注的条件　在下列情况下，可省略或简化标注。

1）可以省略标注的情况。若为单一剖切平面，且剖切平面通过物体的对称面或基本对称面时，可省略标注，如图5-10c、图5-13c所示。

2）可以不画箭头的情况。当剖视图按投影关系配置，中间又没有其他图形隔开时，可以省略箭头，如图5-12a中的主视图、图5-13b中的俯视图可以省略箭头。

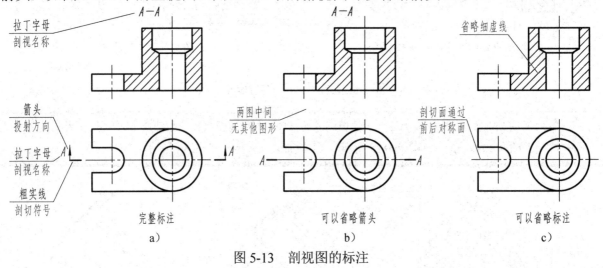

图5-13　剖视图的标注

提示：不论视图或剖视图的朝向如何，表示剖视图名称的大写拉丁字母一律水平书写。

二、画剖视图时应注意的问题

1）因为剖视图是物体被剖切后剩余部分的完整投影，所以，凡是剖切面后面的可见轮廓线应全部画出，不得遗漏，如图5-14所示。

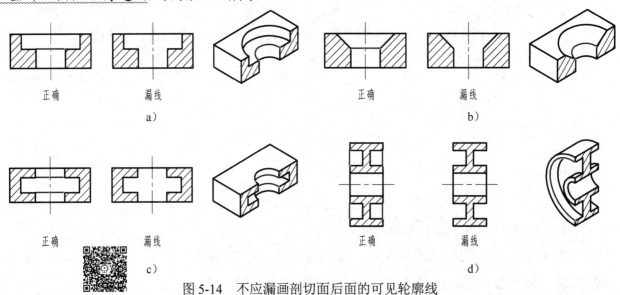

图5-14　不应漏画剖切面后面的可见轮廓线

2）在剖视图中，表示物体不可见部分的细虚线，一般情况下省略不画；在其他视图中，若不可见部分已表达清楚，细虚线也可省略不画，如图 5-10c、图 5-13 所示。

3）剖切面一般应通过物体的对称面、基本对称面或内部孔、槽的轴线，并与投影面平行。如图 5-15b 所示，剖切面通过物体的前后对称面，且平行于正面。

4）由于剖视图是一种假想画法，并不是真地将物体切去一部分，因此当物体的一个视图画成剖视图后，其他视图应该完整地画出。如图 5-10c、图 5-15b 中的俯视图，仍应画成完整的。图 5-15c 中俯视图的画法是错误的。

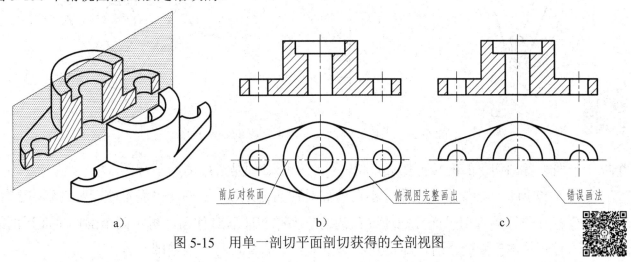

　　　　a)　　　　　　　　　　　b)　　　　　　　　　　　c)

图 5-15　用单一剖切平面剖切获得的全剖视图

三、剖视图的种类

根据剖开物体的范围，可将剖视图分为全剖视图、半剖视图和局部剖视图。国家标准规定，剖切面可以是平面也可以是曲面，可以是单一的剖切面也可以是组合的剖切面。绘图时，应根据物体的结构特点，恰当地选用单一剖切面、几个平行的剖切平面或几个相交的剖切面（交线垂直于某一投影面），绘制物体的全剖视图、半剖视图或局部剖视图。

1. 全剖视图

用剖切面完全地剖开物体所得的剖视图，称为全剖视图，简称全剖视。全剖视主要用于表达外形简单、内部结构比较复杂而又不对称的物体。全剖视的标注规则如前所述。

（1）用单一剖切面获得的全剖视图　剖切面一般应通过物体的对称面（或基本对称面），并与基本投影面平行。图 5-10c、图 5-12a、图 5-13、图 5-15b 都是用与基本投影面平行的单一剖切平面剖切得到的全剖视图，是最常用的剖切形式。

图 5-16 中的 "A—A" 剖视图，是用单一斜剖切面完全地剖开物体得到的全剖视，主要用于表达物体上倾斜部分的结构形状。如图 5-16b 所示，用单一斜剖切面获得的剖视图，一般按投影关系配置，也允许将图形旋转配置，但必须标注旋转符号。对此类剖视图必须进行标注，不能省略。

（2）用几个平行的剖切平面获得的全剖视图　当物体上有若干不在同一平面上而又需要表达的内部结构时，可采用几个平行的剖切平面剖开物体。几个平行的剖切平面可能是两个或两

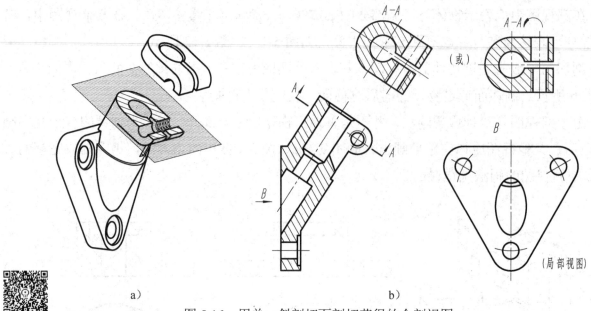

图 5-16　用单一斜剖切面剖切获得的全剖视图

个以上平面,各剖切平面的转折处成直角,剖切平面必须是投影面的平行面。

如图 5-17 所示,物体上的三个孔不在前后对称面上,用一个剖切平面不能同时剖到。这时,可用两个相互平行的剖切平面分别通过左侧的阶梯孔和前后对称面,再将两个剖切平面后面的部分,同时向基本投影面投射,即得到用两个平行平面剖切的全剖视图。

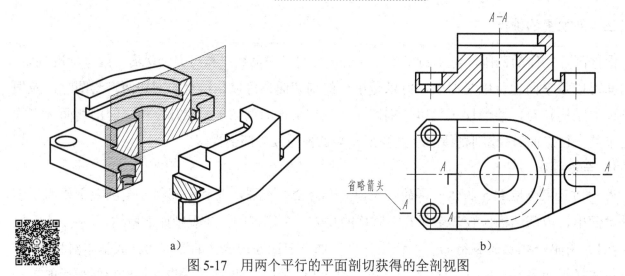

图 5-17　用两个平行的平面剖切获得的全剖视图

用几个平行的剖切平面剖切时,应注意以下几点:

1)在剖视图的上方,用大写拉丁字母标注图名"×—×",在剖切平面的起、迄和转折处画出剖切符号,并注上相同的字母。若剖视图按投影关系配置,中间又没有其他图形隔开时,允许省略箭头,如图 5-17b 所示。

2)在剖视图中一般不应出现不完整的结构要素,如图 5-18a 所示。在剖视图中不应画出剖切平面转折处的界线,且剖切平面的转折处也不应与图中的轮廓线重合,如图 5-18b 所示。

(3)用几个相交的剖切面获得的全剖视图　当物体上的孔(槽)等结构不在同一平面上,

但却沿物体的某一回转轴线分布时，可采用几个相交于回转轴线的剖切面剖开物体，将剖切面剖开的结构及有关部分，旋转到与选定的投影面平行后，再进行投射。几个相交剖切面的交线，必须垂直于某一基本投影面。

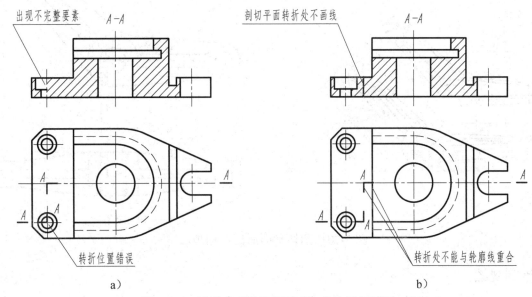

图 5-18　用几个平行平面剖切时的错误画法

如图 5-19a 所示，用相交的两个平面（交线垂直于 V 面）将物体切开，先将倾斜部分绕轴线旋转到与侧面平行后，再一起向侧面投射，即得到用两个相交平面剖切的全剖视图，如图 5-19b 所示。

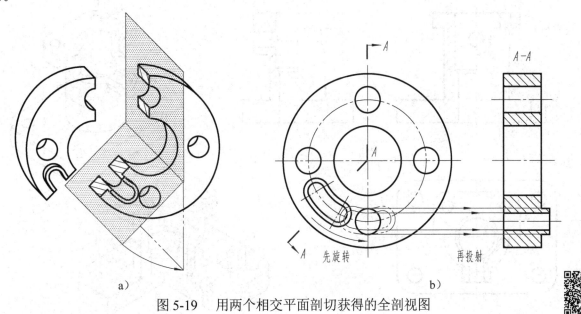

图 5-19　用两个相交平面剖切获得的全剖视图

用几个相交的剖切面剖切时，应注意以下几点：

1）剖切平面的交线应与物体的回转轴线重合。

2）剖切面后边的其他结构，一般仍按原来的位置进行投射，如图 5-20b 所示。

3）对用几个相交的剖切面获得的剖视图要进行完整标注，不能省略，如图 5-19b、图 5-20b

103

所示。

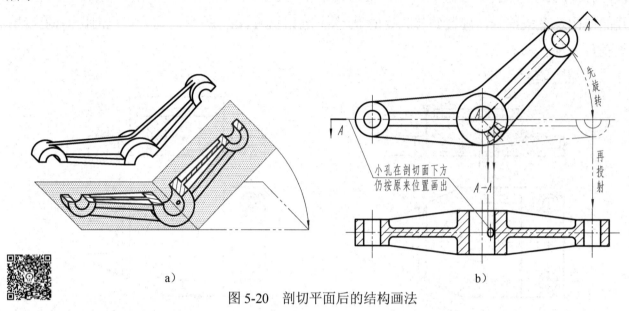

图 5-20 剖切平面后的结构画法

2. 半剖视图

当物体具有垂直于投影面的对称平面时，在该投影面上投射所得的图形，可以对称中心线为界，一半画成剖视图，另一半画成视图，这种组合的图形称为半剖视图，简称半剖视，如图 5-21 所示。半剖视图主要用于内、外形状都需要表达的对称物体。

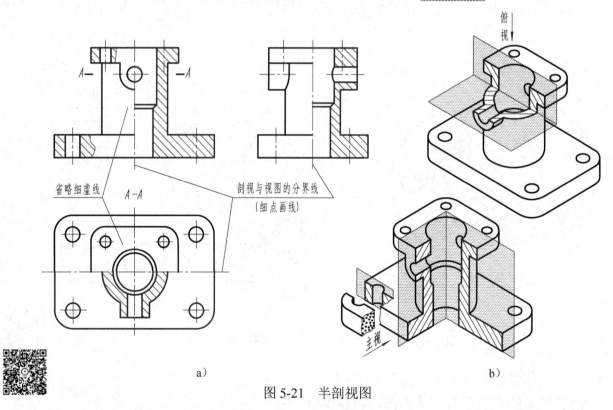

图 5-21 半剖视图

画半剖视应注意以下几点：

1）视图部分和剖视图部分必须以细点画线为界。在半剖视图中，剖视部分的位置通常按以下原则配置（图 5-21）：

在主视图中，位于对称中心线的右侧。

在俯视图中，位于对称中心线的下方。

在左视图中，位于对称中心线的右侧。

2）由于物体的内部形状已在半剖视中表达清楚，所以在半个视图中的细虚线省略，但对孔、槽等需用细点画线表示其中心位置，如图 5-21 中的主、左视图所示。

3）对于那些在半剖视中不易表达的部分，可在视图中以局部剖视的方式表达，如图 5-21a 中的主视图所示。

4）半剖视图的标注方法与全剖视相同。但要注意：剖切符号应画在图形轮廓线以外，如图 5-21a 主视图中的"A——A"。

5）在半剖视图中标注对称结构的尺寸时，由于结构形状未能完整显示，则尺寸线应略超过对称中心线，并只在另一端画出箭头，如图 5-22 所示。

6）当物体基本上对称，且不对称部分已在其他视图中表达清楚时，也可画成半剖视图，如图 5-23 所示。

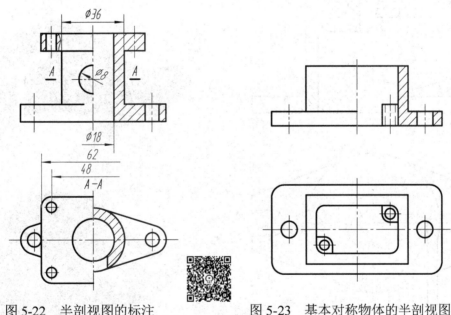
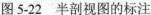

图 5-22　半剖视图的标注　　　　图 5-23　基本对称物体的半剖视图

用几个平行的剖切平面或几个相交的剖切面也可以获得半剖视图。图 5-24 所示为采用两个平行的剖切平面（其剖切平面平行于正面）获得的半剖视图示例，图 5-25 所示为采用几个相交的剖切面（其剖切面的交线垂直于水平面）获得的半剖视图示例。

3. 局部剖视图

用剖切面局部地剖开物体所得的剖视图，称为局部剖视图，简称局部剖视。当物体的局部内形需要表示，而又不宜采用全剖视时，可采用局部剖视表达，如图 5-26a 所示。局部剖视是一种灵活的表达方法。它的剖切位置和剖切范围，可根据实际需要确定。

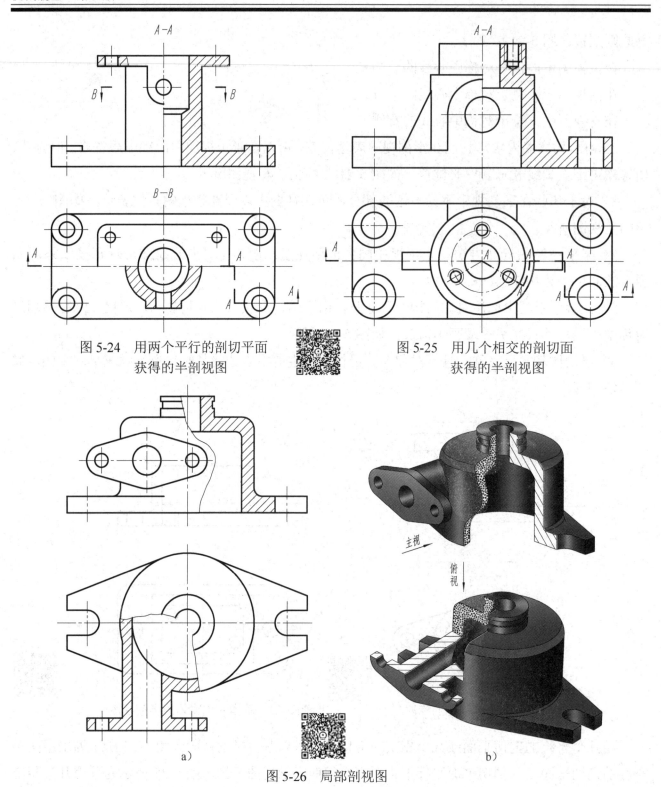

图 5-24 用两个平行的剖切平面
获得的半剖视图

图 5-25 用几个相交的剖切面
获得的半剖视图

a) b)

图 5-26 局部剖视图

画局部剖视时应注意以下几点：

1）当被剖结构为回转体时，允许将该结构的回转轴线作为局部剖视与视图的分界线，如图 5-27a 所示。

2）当对称物体的内部（或外部）轮廓线与回转轴线重合而不宜采用半剖视时，可采用局部剖视，如图 5-27b、c、d 所示。

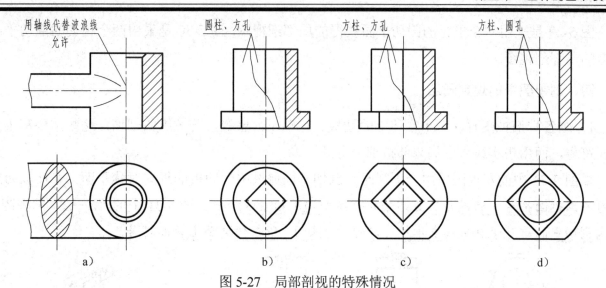

图 5-27 局部剖视的特殊情况

3）局部剖视图的视图部分与剖视部分以波浪线分界。波浪线不能与其他图线重合，如图 5-28a 所示。波浪线要画在物体的实体部分，不应超出视图的轮廓线，如图 5-28b 所示。

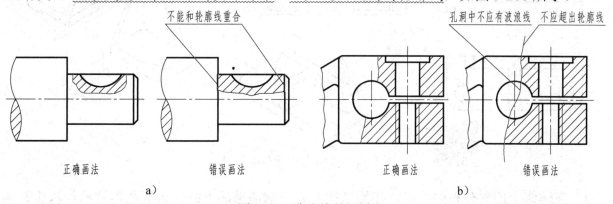

图 5-28 波浪线的画法

提示：对于剖切位置明显的局部剖视，一般不需标注，如图 5-26a、图 5-27 所示。必要时可按全剖视的标注方法标注，如图 5-29、图 5-30 所示。

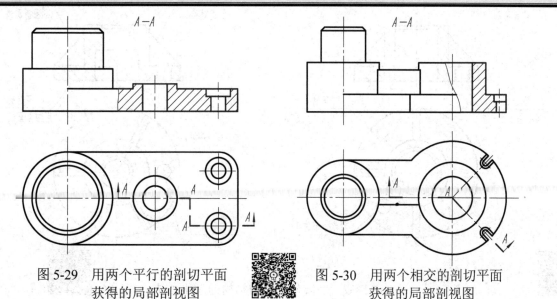

图 5-29 用两个平行的剖切平面 获得的局部剖视图

图 5-30 用两个相交的剖切平面 获得的局部剖视图

图 5-29 是采用两个平行的剖切平面获得的局部剖视图。图 5-30 是采用两个相交的剖切平面获得的局部剖视图。

四、剖视图中的规定画法

1）画各种剖视图时，对于物体上的肋板、轮辐及薄壁等，若按纵向剖切，这些结构都不画剖面符号，而用粗实线将它们与邻接部分分开。

如图 5-31 中的左视图采用全剖视时，剖切平面通过中间肋板的纵向对称平面，在肋板的范围内不画剖面符号，肋板与其他部分的分界处均用粗实线绘出。图 5-31 中的"A—A"剖视图，因为剖切平面垂直于肋板和支承板（即横向剖切），所以仍要画出剖面符号。

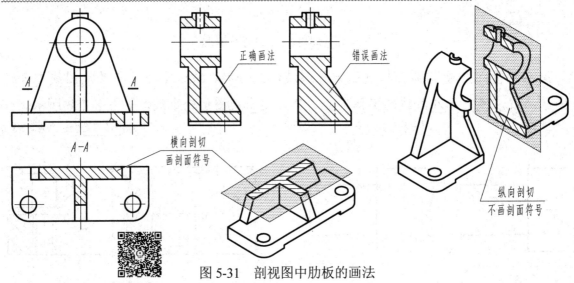

图 5-31 剖视图中肋板的画法

2）回转体上均匀分布的肋板、孔等结构不处于剖切平面上时，可假想将这些结构旋转到剖切平面上画出（比较灵活方便）；对均匀分布的孔，可只画出一个，用对称中心线表示其他孔的位置即可，如图 5-32 所示。

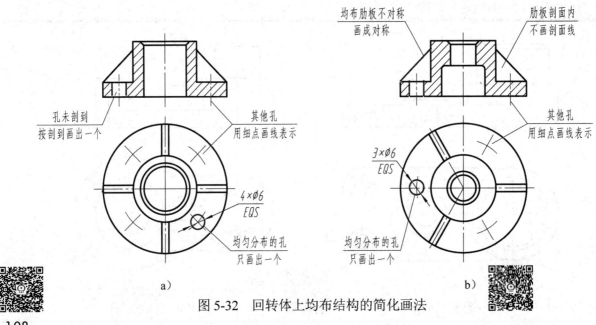

a)　　　　　　　　　　b)

图 5-32 回转体上均布结构的简化画法

第三节 断 面 图

断面图主要用于表达物体某一局部的断面形状，例如物体上的肋板、轮辐、键槽、小孔，以及各种型材的断面形状等。

根据在图样中的不同位置，断面图可分为移出断面图和重合断面图。

一、移出断面图（GB/T 17452—1998、GB/T 4458.6—2002）

假想用剖切平面将物体的某处切断，仅画出该剖切面与物体接触部分的图形，称为断面图，简称断面。

断面图，实际上就是使剖切平面垂直于结构要素的中心线（轴线或主要轮廓线）进行剖切，然后将断面图形旋转 90°，使其与纸面重合而得到的。断面图与剖视图的区别在于：断面图仅画出断面的形状，而剖视图除画出断面的形状外，还要画出剖切面后面物体的完整投影，如图 5-33b 所示。

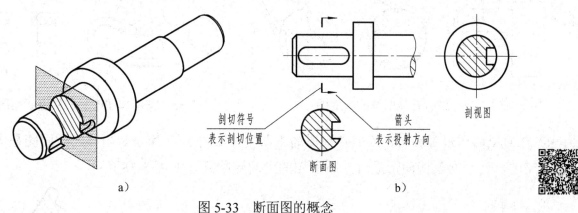

图 5-33 断面图的概念

画在视图之外的断面图，称为移出断面图，简称移出断面。移出断面的轮廓线用粗实线绘制，如图 5-34 所示。

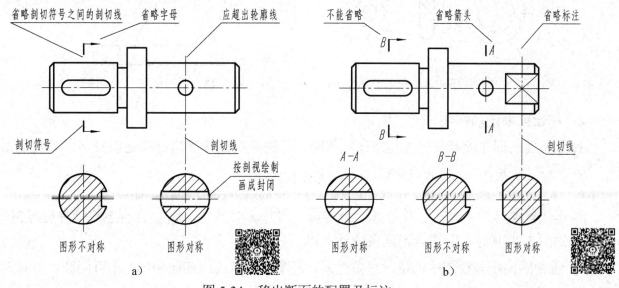

图 5-34 移出断面的配置及标注

109

1. 画移出断面图的注意事项

1）移出断面应尽量配置在剖切符号或剖切线的延长线上，如图5-34a所示；移出断面也可配置在其他适当位置，如图5-34b中的"A—A""B—B"断面。

2）当剖切平面通过回转面形成的孔（或凹坑）的轴线时，这些结构按剖视图绘制，如图5-35所示。

3）当剖切平面通过非圆孔，会导致出现完全分离的两个断面时，则这些结构按剖视图绘制，如图5-36所示。

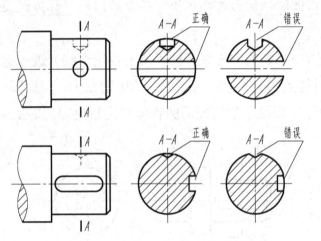

图5-35 带有孔或凹坑的断面图

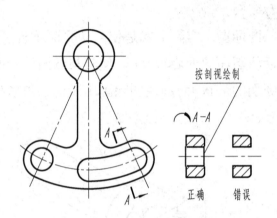

图5-36 按剖视图绘制的移出断面图

4）断面图的图形对称时，可画在视图的中断处，如图5-37所示。当移出断面图是由两个或多个相交的剖切平面剖切而形成时，断面图的中间应断开，如图5-38所示。

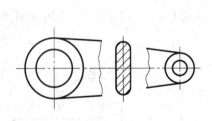

图5-37 画在视图中断处的移出断面图

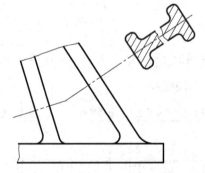

图5-38 断开的移出断面图

2. 移出断面图的标注

移出断面的标注形式及内容与剖视图相同。标注可根据具体情况简化或省略，见表5-2。

二、重合断面图（GB/T 17452—1998、GB/T 4458.6—2002）

画在视图之内的断面图，称为重合断面图，简称重合断面。重合断面图的轮廓线用细实线绘制，如图5-39所示。画重合断面图应注意以下几点：

1）重合断面图与视图中的轮廓线重叠时，视图的轮廓线应连续画出，不可间断，如图5-39a所示。

2）重合断面图可省略标注，如图5-39所示。

表5-2　移出断面的标注

断面类型	剖切平面的位置		
	配置在剖切线或剖切符号的延长线上	不在剖切符号的延长线上	按投影关系配置
对称的移出断面	剖切线 细点画线 省略标注	A—A 省略箭头	A—A 省略箭头
不对称的移出断面	省略字母	A—A 标注剖切符号箭头和字母	A—A 省略箭头

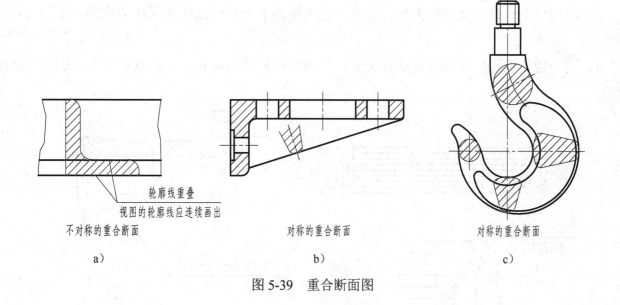

不对称的重合断面　　　　　轮廓线重叠
视图的轮廓线应连续画出

a)　　　　　对称的重合断面 b)　　　　　对称的重合断面 c)

图5-39　重合断面图

第四节　局部放大图和简化画法

一、局部放大图（GB/T 4458.1—2002）

当物体上的细小结构在视图中表达不清楚，或不便于标注尺寸时，可采用局部放大图。将图样中所表示的物体部分结构，用大于原图形的比例所绘出的图形，称为局部放大图，如图5-40

所示。

　　局部放大图的比例，系指该图形中物体要素的线性尺寸与实际物体相应要素的线性尺寸之比，与原图形所采用的比例无关。

　　局部放大图可以画成视图、剖视和断面，与被放大部分的原表达方式无关。画局部放大图应注意以下几点：

　　1）局部放大图应尽量配置在被放大部位附近，用细实线圈出被放大的部位。当同一物体上有几处被放大的部位时，必须用罗马数字依次标明被放大的部位，并在局部放大图的上方，标注相应的罗马数字和所采用的比例，如图 5-40 所示。

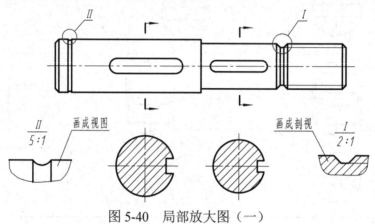

图 5-40　局部放大图（一）

　　2）当物体上只有一处被放大时，在局部放大图的上方只需注明所采用的比例，如图 5-41a 所示。

　　3）同一物体上不同部位的局部放大图，其图形相同或对称时，只需画出一个，如图 5-41b 所示。

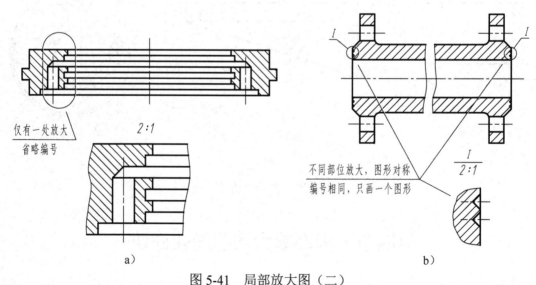

图 5-41　局部放大图（二）

二、简化画法（GB/T 16675.1—2012、GB/T 4458.1—2002）

　　简化画法是包括规定画法、省略画法、示意画法等在内的图示方法。国家标准规定了一系列的简化画法，其目的是减少绘图工作量，提高设计效率及图样的清晰度，满足手工制图和计算机制图的要求，适应国际贸易和技术交流的需要。

1. 规定画法

规定画法是对标准中规定的某些特定表达对象所采用的特殊图示方法。

1）在不致引起误解时，对称物体的视图可只画一半或四分之一，并在对称中心线的两端画出对称符号（两条与对称中心线垂直的平行细实线），如图 5-42 所示。

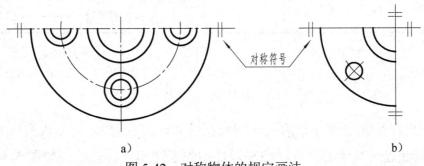

图 5-42　对称物体的规定画法

2）为了避免增加视图或剖视，对回转体上的平面，可用细实线绘出对角线表示，如图 5-43 所示。

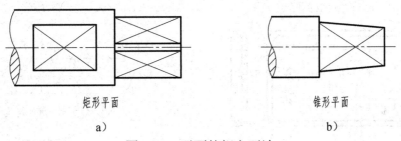

图 5-43　平面的规定画法

3）较长的零件（轴、杆、型材、连杆等）沿长度方向的形状一致或按一定规律变化时，可断开后（缩短）绘制，其断裂边界可用波浪线绘制，也可用双折线或细双点画线绘制，如图 5-44 所示。但在标注尺寸时，要标注零件的实长。

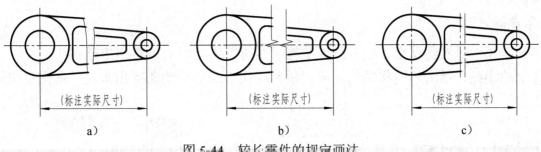

图 5-44　较长零件的规定画法

2. 省略画法

省略画法是通过省略重复投影、重复要素、重复图形等达到使图样简化的图示方法。

1）零件中成规律分布的重复结构，允许只绘制出其中一个或几个完整的结构，但需反映其分布情况，并在零件图中注明重复结构的数量和类型。对称的重复结构，用细点画线表示各对称结构要素的位置，如图 5-45a 所示。不对称的重复结构，则用相连的细实线代替，如图 5-45b 所示。

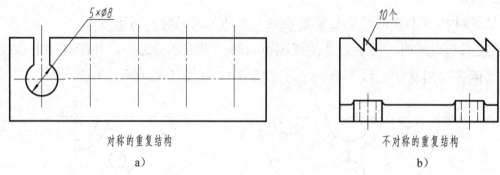

图 5-45　重复结构的省略画法

2）若干直径相同且成规律分布的孔（圆孔、螺孔、沉孔等），可以仅画一个或少量几个，其余只需用细点画线表示其中心位置，但在零件图中要注明孔的总数，如图 5-46 所示。

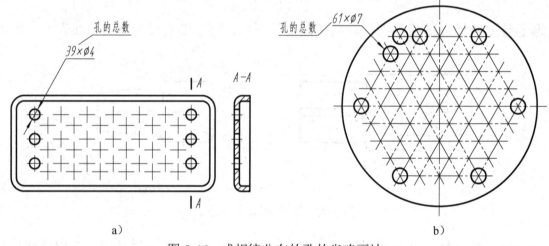

图 5-46　成规律分布的孔的省略画法

3）在不致引起误解时，零件图中的小圆角、倒角均可省略不画，但必须注明尺寸或在技术要求中加以说明，如图 5-47 所示。

3．示意画法

示意画法是用规定符号和（或）较形象的图线绘制图样的表意性图示方法。

零件上的滚花、槽沟等网状结构，应用粗实线完全或部分地表示出来，并在图中按规定标

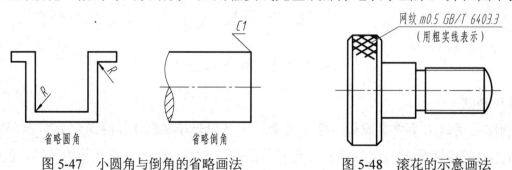

图 5-47　小圆角与倒角的省略画法　　　　图 5-48　滚花的示意画法

注，如图 5-48 所示。

第五节 第三角画法简介

国家标准 GB/T 17451—1998《技术制图 图样画法 视图》规定："技术图样应采用正投影法绘制，并优先采用第一角画法"。在工程制图领域，世界上多数国家（如中国、英国、法国、德国、俄罗斯等）都采用第一角画法，而美国、日本、加拿大、澳大利亚等国家，则采用第三角画法。为了适应日益增多的国际技术交流和协作的需要，应当了解第三角画法。

一、第三角画法与第一角画法的异同点（GB/T 13361—2012）

如图 5-49 所示，用水平和铅垂的两投影面，将空间分成四个区域，每个区域为一个分角，分别称为第一分角、第二分角、第三分角……

1. 获得投影的方式不同

第一角画法是将物体置于第一分角内，并使其处于观察者与投影面之间而得到正投影的方法（即保持人→物体→投影面的位置关系），如图 5-50a 所示。

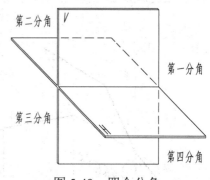

图 5-49 四个分角

第三角画法是将物体置于第三分角内，并使投影面处于观察者与物体之间而得到正投影的方法（假设投影面是透明的，并保持人→投影面→物体的位置关系），如图 5-50b 所示。

与第一角画法类似，采用第三角画法获得的三视图符合多面正投影的投影规律，即主、俯视图长对正；主、右视图高平齐；俯、右视图宽相等。

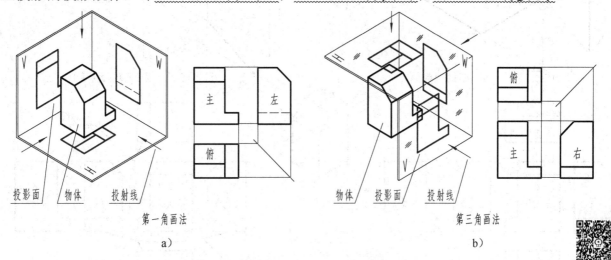

图 5-50 第一角画法与第三角画法获得投影的方式

2. 视图的配置关系不同

第一角画法与第三角画法都是将物体放在六面投影体系当中，向六个基本投影面进行投射，得到六个基本视图，其视图名称相同。由于六个基本投影面展开方式不同，其基本视图的配置关系不同，如图 5-51 所示。

第一角画法与第三角画法各个视图与主视图的配置关系对比如下：

第一角画法 第三角画法

左视图在主视图的右方； 左视图在主视图的左方

俯视图在主视图的下方； 俯视图在主视图的上方

右视图在主视图的左方； 右视图在主视图的右方

仰视图在主视图的上方； 仰视图在主视图的下方

后视图在左视图的右方； 后视图在右视图的右方

从上述对比中可以清楚地看到：

第三角画法的主、后视图，与第一角画法的主、后视图一致（没有变化）。

第三角画法的左视图和右视图，与第一角画法的左视图和右视图左右换位。

第三角画法的俯视图和仰视图，与第一角画法的俯视图和仰视图上下对调。

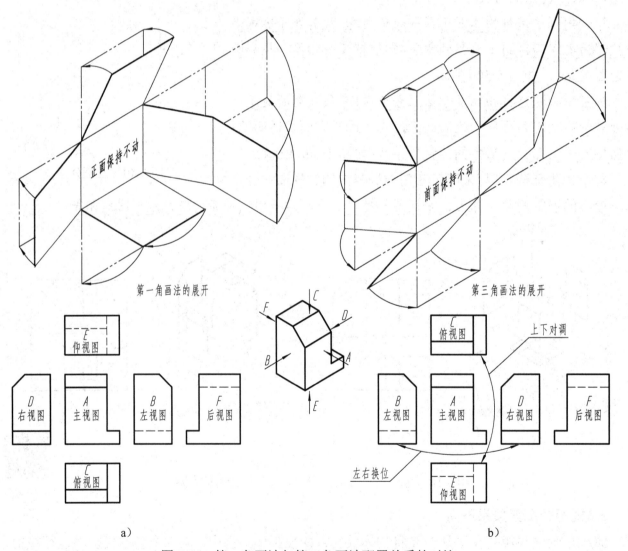

图5-51 第一角画法与第三角画法配置关系的对比

由此可见，第三角画法与第一角画法的主要区别是视图的配置关系不同。第三角画法的左视图、俯视图、右视图、仰视图靠近主视图的一边（里边），均表示物体的前面；远离主视图的一边（外边），均表示物体的后面，与第一角画法的"外前、里后"正好相反。

二、第三角画法与第一角画法的投影识别符号（GB/T 14692—2008）

为了识别第三角画法与第一角画法，国家标准规定了相应的投影识别符号，如图 5-52 所示。该符号标在标题栏内（右下角）"名称和代号区"的最下方，如图 1-6 所示。

$h=$ 图中尺寸数字高度$(H=2h)$
d 为图中粗实线宽度

第三角画法投影识别符号的画法 　　　　　　　　　 第一角画法投影识别符号的画法

a)　　　　　　　　　　　　　　　　　　　b)

图 5-52　第三角画法与第一角画法的投影识别符号

采用第一角画法时，在图样中一般不必画出第一角画法的投影识别符号。采用第三角画法时，必须在图样中画出第三角画法的投影识别符号。

三、第三角画法的特点

第三角画法与第一角画法之间并没有根本的差别，只是各个国家应用的习惯不同而已。第一角画法的特点和应用读者都比较熟悉，下面仅对第三角画法的特点进行简要介绍。

1.近侧配置，识读方便

第一角画法的投射顺序是：人→物→图，这符合人们对影子生成原理的认识，易于初学者直观理解和掌握基本视图的投影规律。

第三角画法的顺序是：人→图→物，也就是说人们先看到投影图，后看到物体。具体到六个基本视图中，除后视图外，其他所有视图均可配置在相邻视图的近侧，这样识读起来比较方便。这是第三角画法的一个特点，特别是在读轴向较长的轴类零件图时，这个特点会更加突出。图 5-53a 所示为第一角画法，因左视图配置在主视图的右边，右视图配置在主视图的左边，在绘图和读图时，需横跨主视图左顾右盼，不大方便。

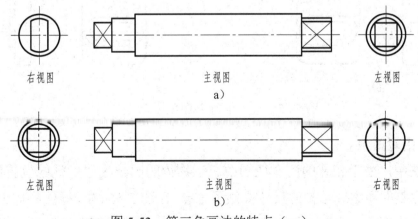

图 5-53　第三角画法的特点（一）

图 5-53b 所示为第三角画法,其左视图是从主视图左端看到的形状,配置在主视图的左端,其右视图是从主视图右端看到的形状,配置在主视图的右端,这种近侧配置的特点,给绘图和读图带来了很大方便,可以避免和减少绘图和读图的错误。

2.易于想象空间形状

由物体的二维视图想象出物体的三维空间形状,对初学者来讲往往比较困难。第三角画法的配置特点,易于帮助人们想象物体的空间形状。在图 5-54a 中,只要想象将其俯视图和左视图向主视图靠拢,并以各自的边棱为轴反转,即可容易地想象出该物体的三维空间形状。

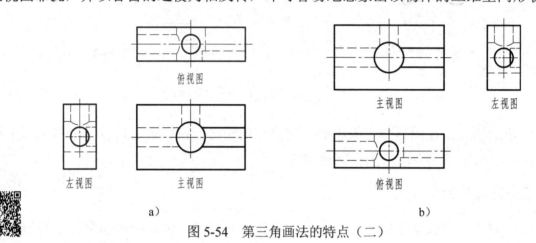

图 5-54 第三角画法的特点(二)

3.利于表达物体的细节

在第三角画法中,利用近侧配置的特点,可方便简明地采用各种辅助视图(如局部视图、斜视图等)表达物体的一些细节。在图 5-55a 中,只要将辅助视图配置在适当的位置上,一般不需要加注表示投射方向的箭头。

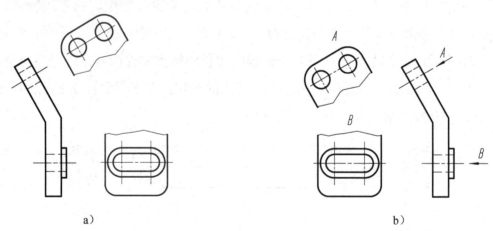

图 5-55 第三角画法的特点(三)

4.尺寸标注相对集中

在第三角画法中,由于相邻的两个视图中表示物体的同一棱边所处的位置比较近,给集中标注机件上某一完整的要素或结构的尺寸提供了可能。在图 5-56a 中,标注物体上半圆柱开槽(并有小圆柱)处的结构尺寸,比图 5-56b 的标注相对集中,方便读图和绘图。

118

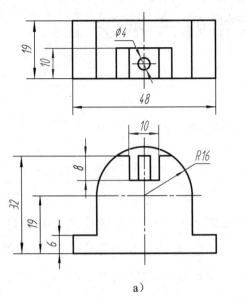
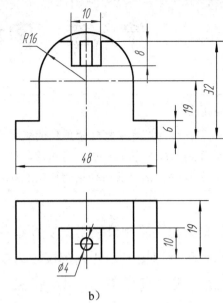

a)   b)

图 5-56 第三角画法的特点（四）

素养提升

　　同学们，给大家讲一个故事。1992 年，上海诞生了一家主要生产大型集装箱机械的上海振华港口机械（集团）股份有限公司。经过 30 多年的发展，这家公司已成为重型装备制造行业的排头兵。如今，该公司已更名为上海振华重工（集团）股份有限公司，其港口机械市场占有率连续 18 年位居世界第一，全球有 78 个国家和地区的 150 余个港口都在使用振华生产的港口起重机。1989 年 10 月美国旧金山湾区发生 7.1 级地震，连接旧金山和奥克兰的海湾大桥（当时世界上最长的钢结构大桥）受损。在数年后的修建中，上海振华重工（集团）股份有限公司负责建造难度最大的钢结构桥梁项目。振华重工组织集团内千余焊工进行严格培训，让焊工师傅们学习钢结构桥梁焊接技术，提高读图能力，并拿到美国焊接协会的技能证书，成为焊接高手。这些焊工师傅们通过日以继夜的艰苦努力，用短短 5 年时间出色地完成了大桥的修建任务，并通过了美国专家的验收。

　　这个故事告诉我们，不论哪个领域、哪个行业，即使企业再大、科技人员再多，要想制造出世界领先的高质量产品，都离不开优秀的技术工人。只有拥有了一流的工匠，图样才能发挥最大的价值。纵观华为、格力、福耀、比亚迪的成功，都充分地证明了这一点。

　　建议同学们：打开百度 App，搜索央视综合频道《大国工匠》，选看第六集。

第六章　图样中的特殊表示法

知识目标

● 掌握螺纹及常用螺纹紧固件的规定画法、标注、标记和查表方法。
● 了解齿轮的基本知识，能识读和绘制单件和啮合的直齿圆柱齿轮图。
● 了解键、销、滚动轴承的标记和规定画法，识读圆柱螺旋压缩弹簧的规定画法。

我们每天都会看到公路上跑着各式各样的汽车。如图 6-1 所示，驾驶员通过变速杆进行换档（控制汽车变速器），使汽车根据需要时快时慢。汽车变速器由变速器壳、变速器盖、轴、齿轮、轴承、螺栓等零部件构成。国家对螺纹、齿轮、轴承等结构的尺寸、参数实行了标准化，用相应的代号就可代表它们，制图国家标准也规定了一系列比较简单的规定画法，这些规定是学习机械制图课必需的内容。

汽车变速器　　　　　　　　　　　　变速杆

图 6-1　汽车的变速

第一节　螺　纹

螺纹是零件上常见的一种结构。螺纹是在圆柱或圆锥表面上，具有相同牙型、沿螺旋线连续凸起的牙体。

螺纹分外螺纹和内螺纹两种，成对使用。在圆柱或圆锥外表面上所形成的螺纹，称为外螺纹；在圆柱或圆锥内表面上所形成的螺纹，称为内螺纹。

制造螺纹有许多种方法，图 6-2 所示为在车床上加工外、内螺纹的方法。工件做等速旋转，车刀沿轴线方向等速移动，刀尖即形成螺旋线运动。由于车刀切削刃形状不同，在工件表面切掉部分的截面形状也不同，因而得到各种不同的螺纹。

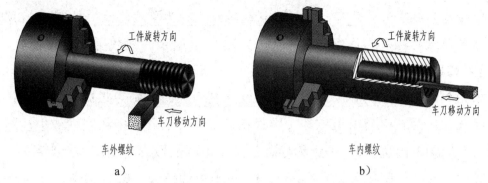

图 6-2　在车床上车削螺纹

一、螺纹要素（GB/T 14791—2013）

1. 牙型

在螺纹轴线平面内的螺纹轮廓形状，称为牙型。常见的牙型有三角形、梯形和锯齿形等。相邻牙侧间的材料实体，称为牙体。连接两个相邻牙侧的牙体顶部表面，称为牙顶。连接两个相邻牙侧的牙槽底部表面，称为牙底，如图 6-3 所示。

2. 直径

直径有大径（d、D）、中径（d_2、D_2）和小径（d_1、D_1）之分，如图 6-3 所示。其中，外螺纹大径 d 和内螺纹小径 D_1 也称顶径。

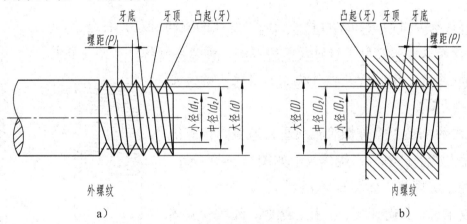

图 6-3　螺纹的各部名称及代号

（1）大径（d、D）　与外螺纹牙顶或内螺纹牙底相切的假想圆柱或圆锥的直径。

（2）小径（d_1、D_1）　与外螺纹牙底或内螺纹牙顶相切的假想圆柱或圆锥的直径。

（3）中径（d_2、D_2）　中径圆柱或中径圆锥的直径。该圆柱（或圆锥）母线通过圆柱（或圆锥）螺纹上牙厚与牙槽宽相等的地方。

（4）公称直径　代表螺纹尺寸的直径称为公称直径。对紧固螺纹和传动螺纹，其大径基本尺寸是螺纹的代表尺寸。

提示：外螺纹大径 d 和内螺纹大径 D 又称为公称直径，是代表螺纹尺寸的直径。

121

3. 线数 *n*

螺纹有单线与多线之分。只有一个起始点的螺纹，称为单线螺纹，如图 6-4a 所示；具有两个或两个以上起始点的螺纹，称为多线螺纹，如图 6-4b 所示。线数用代号 *n* 表示。

4. 螺距 *P* 和导程 *P*h

螺距是指相邻两牙体上的对应牙侧与中径线相交两点间的轴向距离；导程是最邻近的两同名牙侧与中径线相交两点间的轴向距离（导程就是一个点沿着在中径圆柱或中径圆锥上的螺旋线旋转一周所对应的轴向位移）。螺距和导程是两个不同的概念，如图 6-4 所示。

螺距、导程、线数之间的关系是：$P=P_h/n$。对于单线螺纹，则有 $P=P_h$。

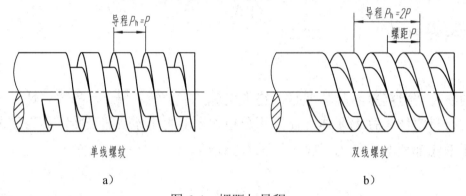

单线螺纹

a)

双线螺纹

b)

图 6-4　螺距与导程

5. 旋向

内、外螺纹旋合时的旋转方向称为旋向。螺纹的旋向有左、右之分。

（1）右旋螺纹　顺时针旋转时旋入的螺纹，称为右旋螺纹（俗称正扣）。

（2）左旋螺纹　逆时针旋转时旋入的螺纹，称为左旋螺纹（俗称反扣）。

（3）旋向的判定　将外螺纹轴线垂直放置时，螺纹的可见部分是左低右高者为右旋螺纹，如图 6-5a 所示；左高右低者为左旋螺纹，如图 6-5b 所示。

对于螺纹来说，只有牙型、大径、螺距、线数和旋向等诸要素都相同，内、外螺纹才能旋合在一起。

螺纹三要素　在螺纹的诸要素中，牙型、大径和螺距是决定螺纹结构规格的最基本的要素，称为螺纹三要素。凡螺纹三要素符合国家标准的，称为标准螺纹；牙型不符合国家标准的，称为非标准螺纹。

表 6-1 中所列的均为标准螺纹。

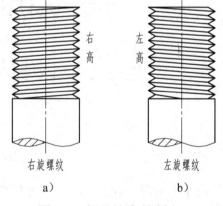

右旋螺纹

a)

左旋螺纹

b)

图 6-5　螺纹旋向的判定

二、螺纹的规定画法（GB/T 4459.1—1995）

由于螺纹的结构和尺寸已经标准化，为了提高绘图效率，对螺纹的结构与形状，可不必按其真实投影画出，只需根据国家标准规定的画法和标记进行绘图和标注即可。

表 6-1　常用标准螺纹的种类、标记和标注

螺纹类别		特征代号	牙　型	标 注 示 例	说　明
联接和紧固用螺纹	粗牙普通螺纹	M			**粗牙普通螺纹** 公称直径为 16mm；中径公差带和大径公差带均为 6g（省略不标）；中等旋合长度；右旋
	细牙普通螺纹				**细牙普通螺纹** 公称直径为 16mm，螺距为 1mm；中径公差带和小径公差带均为 6H（省略不标）；中等旋合长度；右旋
55°管螺纹	55°非密封管螺纹	G			**55°非密封管螺纹** G——螺纹特征代号 1 ——尺寸代号 A——外螺纹公差等级代号
	55°密封管螺纹 圆锥内螺纹	Rc			**55°密封管螺纹** Rc——圆锥内螺纹 Rp——圆柱内螺纹 R_1——与圆柱内螺纹相配合的圆锥外螺纹 R_2——与圆锥内螺纹相配合的圆锥外螺纹 1½——尺寸代号
	圆柱内螺纹	Rp			
	圆锥外螺纹	R_1 R_2			

1．外螺纹的规定画法

如图 6-6a、b 所示，外螺纹牙顶圆的投影用粗实线表示，牙底圆的投影用细实线表示（牙底圆的投影按 $d_1=0.85d$ 的关系绘制），在螺杆的倒角或倒圆部分也应画出；在垂直于螺纹轴线的投影面的视图中，表示牙底圆的细实线只画约 3/4 圈（空出约 1/4 圈的位置不做规定），如图 6-6c 所示。此时，螺杆或螺纹孔上倒角圆的投影，不应画出。螺纹终止线用粗实线表示，如图 6-6b、c 所示。剖面线必须画到粗实线处，如图 6-6d 所示。

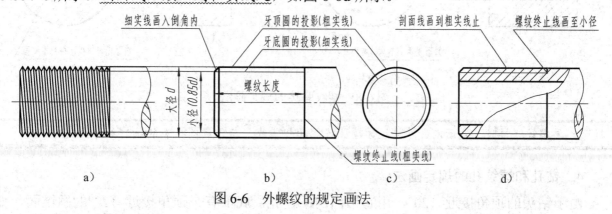

图 6-6　外螺纹的规定画法

2．内螺纹的规定画法

如图 6-7a、b 所示，在剖视图或断面图中，内螺纹牙顶圆的投影和螺纹终止线用粗实线表

123

示，牙底圆的投影用细实线表示（牙顶圆的投影按 $D_1=0.85D$ 的关系绘制），剖面线必须画到粗实线为止；在垂直于螺纹轴线的投影面的视图中，表示牙底圆投影的细实线仍画约 3/4 圈，倒角圆的投影仍省略不画，如图 6-7c 所示。不可见螺纹的所有图线（轴线除外），均用细虚线绘制，如图 6-7d 所示。

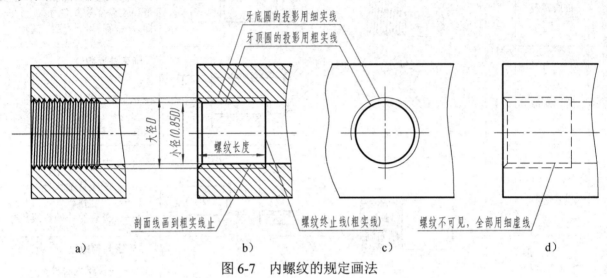

a)   b)   c)   d)

图 6-7　内螺纹的规定画法

3. 螺纹联接的规定画法

用剖视表示内、外螺纹的联接时，其旋合部分应按外螺纹的画法绘制，其余部分仍按各自的画法表示，如图 6-8a、c 所示。端面视图是外形视图时，其螺纹部分按内螺纹的规定画法绘制，如图 6-8b 所示。若端面视图是采用剖切平面通过旋合部分获得的剖视图时，其螺纹部分按外螺纹的规定画法绘制，如图 6-8d 所示。

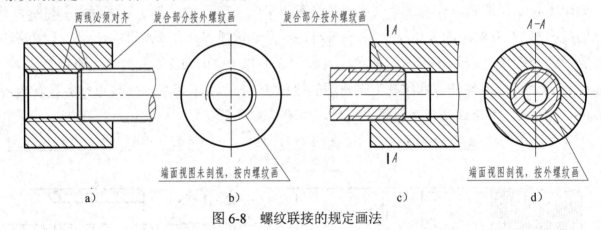

a)   b)   c)   d)

图 6-8　螺纹联接的规定画法

提示：画螺纹联接时，表示内、外螺纹牙顶圆投影的粗实线，与牙底圆投影的细实线应分别对齐。

4. 钻孔和螺纹孔的规定画法

由于钻头的顶角接近 120°，用它钻出的不通孔，底部有个顶角接近 120°的圆锥面，如图 6-9a 所示。在图中，其顶角要画成120°，但不必注尺寸，如图 6-9b 所示。绘制不穿通的螺纹孔时，一般应将钻孔深度与螺纹深度孔分别画出，钻孔深度应比螺纹孔深度大0.5D(螺纹大径)，如图 6-9c 所示。两级钻孔（阶梯孔）的过渡处，也存在 120°的部分尖角，作图时要注意画出，如图 6-9d、e 所示。

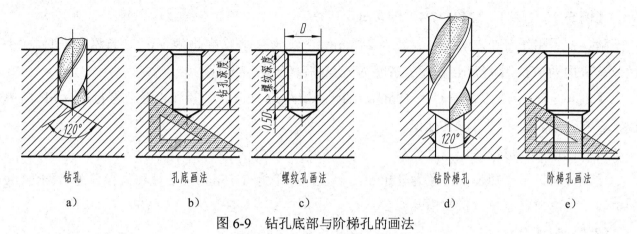

钻孔	孔底画法	螺纹孔画法	钻阶梯孔	阶梯孔画法
a）	b）	c）	d）	e）

图 6-9　钻孔底部与阶梯孔的画法

三、螺纹的标记及标注（GB/T 4459.1—1995）

由于螺纹的规定画法不能表示螺纹种类和螺纹要素，因此绘制螺纹图样时，必须按照国家标准所规定的标记格式和相应代号进行标注。

1. 普通螺纹的标记（GB/T 197—2018）

普通螺纹即普通用途的螺纹，单线普通螺纹占大多数，其标记格式如下：

螺纹特征代号	公称直径×螺距 - 公差带代号 - 旋合长度代号 - 旋向代号

多线普通螺纹的标记格式如下：

螺纹特征代号	公称直径×Ph 导程 P 螺距 - 公差带代号 - 旋合长度代号 - 旋向代号

标记的注写规则：

1）螺纹特征代号。螺纹特征代号为 M。

2）尺寸代号。公称直径为螺纹大径。单线螺纹的尺寸代号为"公称直径×螺距"。多线螺纹的尺寸代号为"公称直径×Ph 导程 P 螺距"，需注写"Ph"和"P"字样。粗牙普通螺纹不标注螺距。粗牙螺纹与细牙螺纹的区别见表 A-1。

3）公差带代号。公差带代号由中径公差带和顶径公差带（对外螺纹指大径公差带、对内螺纹指小径公差带）组成。大写字母代表内螺纹，小写字母代表外螺纹。若两组公差带相同，则只写一组（常用的公差带见表 A-1）。最常用的中等公差精度螺纹（外螺纹为 6g、内螺纹为 6H）不标注公差带代号。

4）旋合长度代号。旋合长度分为短（S）、中等（N）、长（L）三种。一般采用中等旋合长度，N 省略不注。

5）旋向代号。左旋螺纹以"LH"表示，右旋螺纹不标注旋向（所有螺纹旋向的标记，均与此相同）。

【例 6-1】　解释"M16×Ph3P1.5-7g6g-L-LH"的含义。

解　表示双线、细牙普通外螺纹，大径为16mm，导程为3mm，螺距为1.5mm，中径公差带为7g，大径公差带为6g，长旋合长度，左旋。

【例 6-2】　解释"M24-7G"的含义。

解　表示粗牙普通内螺纹，大径为24mm，查表A-1确认螺距为3mm（省略），中径和小径公差带均为7G，中等旋合长度（省略N），右旋（省略旋向代号）。

【例 6-3】　已知公称直径为12mm，细牙，螺距为1mm，中径和小径公差带均为6H的单线、右旋普通螺纹，试写出其标记。

解　标记为"M12×1"。

【例 6-4】　已知公称直径为12mm，粗牙，螺距为1.75mm，中径和大径公差带均为6g的单线、右旋普通螺纹，试写出其标记。

解　标记为"M12"。

2. 管螺纹的标记（GB/T 7306.1～2—2000、GB/T 7307—2001）

管螺纹是在管子上加工的，主要用于联接管件，故称之为管螺纹。管螺纹的数量仅次于普通螺纹，是使用数量较多的螺纹之一。由于管螺纹具有结构简单、装拆方便等优点，所以在造船、机床、汽车、冶金、石油、化工等行业中应用较多。

（1）55°密封管螺纹标记　由于55°密封管螺纹只有一种公差，GB/T 7306.1～2—2000规定其标记格式如下：

螺纹特征代号	尺寸代号	旋向代号

标记的注写规则：

1）螺纹特征代号。用Rc表示圆锥内螺纹，用Rp表示圆柱内螺纹，用R_1表示与圆柱内螺纹相配合的圆锥外螺纹，用R_2表示与圆锥内螺纹相配合的圆锥外螺纹。

2）尺寸代号。用½、¾、1、1½、…表示，详见表A-2。

3）旋向代号。与普通螺纹的标记相同。

> 提示：管螺纹的尺寸代号并非公称直径，也不是管螺纹本身的真实尺寸，而是用该螺纹所在管子的公称通径代表管螺纹的公称直径。管螺纹的大径、小径及螺距等具体尺寸，只有通过查阅相关的国家标准（表A-2）才能知道。

【例 6-5】　解释"Rc ½"的含义。

解　表示圆锥内螺纹，尺寸代号为½（查表A-2，其大径为20.955mm，螺距为1.814mm），右旋（省略旋向代号）。

【例 6-6】　解释"Rp 1½ LH"的含义。

解　表示圆柱内螺纹，尺寸代号为1½（查表A-2，其大径为47.803mm，螺距为2.309mm），左旋。

【例 6-7】　解释"R_2¾"的含义。

解 表示与圆锥内螺纹相配合的圆锥外螺纹,尺寸代号为¾(查表 A-2,其大径为26.441mm,螺距为 1.814mm),右旋(省略旋向代号)。

(2)55°非密封管螺纹标记 GB/T 7307—2001 规定 55°非密封管螺纹标记格式如下:

螺纹特征代号	尺寸代号	公差等级代号	– 旋向代号

标记的注写规则:

1)螺纹特征代号。用 G 表示。

2)尺寸代号。用½、¾、1、1½、…表示,详见表 A-2。

3)螺纹公差等级代号。对外螺纹分 A、B 两级标记;因为内螺纹公差带只有一种,所以不加标记。

4)旋向代号。当螺纹为左旋时,在外螺纹的公差等级代号之后加注"-LH";在内螺纹的尺寸代号之后加注"LH"。

【例6-8】 解释"G 1½ A"的含义。

解 表示圆柱外螺纹,尺寸代号为 1½(查表 A-2,其大径为 47.803mm,螺距为 2.309mm),螺纹公差等级为 A 级,右旋(省略旋向代号)。

【例6-9】 解释"G 3/4A-LH"的含义。

解 表示圆柱外螺纹,螺纹公差等级为 A 级,尺寸代号为 3/4(查表 A-2,其大径为26.441mm,螺距为1.814mm),左旋(注:在左旋代号LH前加注半字线)。

【例6-10】 解释"G ½"的含义。

解 表示圆柱内螺纹(未注螺纹公差等级),尺寸代号为½(查表 A-2,其大径为20.955mm,螺距为1.814mm),右旋(省略旋向代号)。

【例6-11】 解释"G 1½ LH"的含义。

解 表示圆柱内螺纹(未注螺纹公差等级),尺寸代号为1½(查表 A-2,其大径为47.803mm,螺距为2.309mm),左旋(注:在左旋代号LH前不加注半字线)。

3. 螺纹的标注方法(GB/T 4459.1—1995)

公称直径以毫米为单位的螺纹(如普通螺纹、梯形螺纹等),其标记应直接注在大径的尺寸线或其引出线上,如图 6-10a、b、c 所示;管螺纹的标记一律注在引出线上,引出线应由大径处或对称中心处引出,如图 6-10d、e 所示。

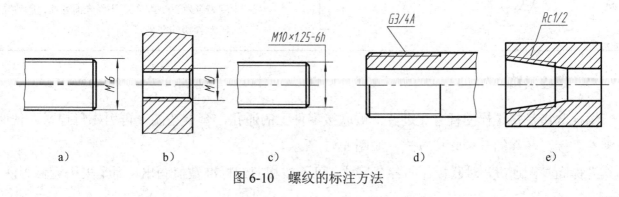

图 6-10 螺纹的标注方法

第二节　螺纹紧固件

在机器设备中，零件之间的联接方式可分为可拆卸联接和不可拆卸联接两大类。可拆卸联接包括螺纹联接、键联结和销联接等；不可拆卸联接包括铆接和焊接等。在机械工程中，可拆卸联接应用较多，它通常是利用联接件将其他零件联接起来的。

一、螺纹紧固件的标记

螺纹紧固件包括螺栓、螺柱、螺钉、螺母、垫圈等，它们的结构和尺寸已经标准化，即所谓标准件。标准件的结构和尺寸可按其规定标记从相关标准中查得。因此只要知道其规定标记，就可以从相关标准中查出它们的结构、形式及全部尺寸。常用螺纹紧固件的简化标记及示例，见表6-2（表中的红色尺寸为规格尺寸）。

表6-2　常用螺纹紧固件的标记

名称	轴测图	画法及规格尺寸	标记示例及说明
六角头螺栓			**螺栓　GB/T 5780　M16×100** 螺纹规格为 M16、公称长度 l=100mm、性能等级为 4.8 级、表面不经处理、产品等级为 C 级的六角头螺栓 注：标准年号省略，下同
双头螺柱			**螺柱　GB/T 899　M12×50** 两端均为粗牙普通螺纹、d=12mm、l=50mm、性能等级为 4.8 级、不经表面处理、B 型（B 省略不标）、b_m=1.5d 的双头螺柱
六角螺母			**螺母　GB/T 41　M16** 螺纹规格为 M16、性能等级为 5 级、表面不经处理、产品等级为 C 级的 1 型六角螺母
垫圈			**垫圈　GB/T 97.1　16** 标准系列、公称规格 16mm、由钢制造的硬度等级为 200HV 级、不经表面处理、产品等级为 A 级的平垫圈

二、螺栓联接

螺栓联接是将螺栓的杆身穿过两个被联接零件上的通孔，套上垫圈，再用螺母拧紧，使两个零件联接在一起的一种联接方式，如图6-11所示。

为提高画图速度，对联接件的各个尺寸，可不按相应的标准数值画出，而是采用近似画法。

采用近似画法时,除螺栓长度按 $l_{it} \approx t_1 + t_2 + 1.35d$ 计算后,再查表 B-1 取标准值外,其他各部分尺寸均取与螺栓大径成一定的比例来绘制。螺栓、螺母、垫圈的各部尺寸比例关系,如图 6-12 所示。

画图时必须遵守 GB/T 4459.1—1995《机械制图螺纹及螺纹紧固件表示法》中的规定:

1)在剖视中,相互接触的两个零件的剖面线方向应相反。而同一个零件在各剖视中,剖面线的倾斜方向和间隔应相同,如图 6-12a 所示。

2)两个零件接触面处只画一条粗实线,不得加粗。凡不接触的表面,不论间隙多小,均应在图上画出间隙,如图 6-12b 所示。

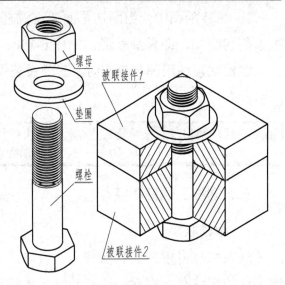

图 6-11　螺栓联接

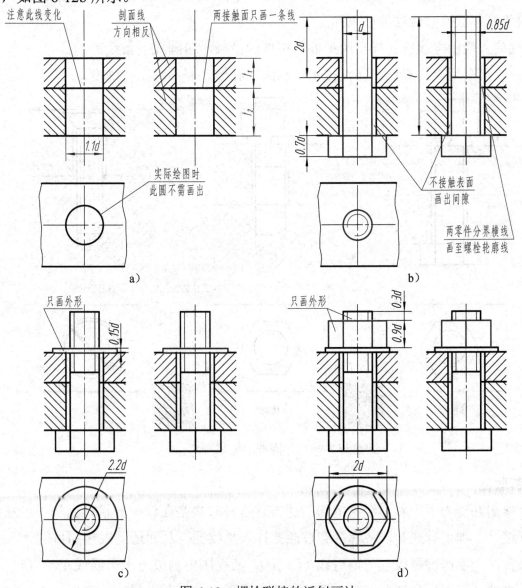

a)

b)

c)

d)

图 6-12　螺栓联接的近似画法

3）在装配图中，当剖切平面通过螺杆的轴线时，对于螺栓、螺柱、螺钉、螺母及垫圈等均按未剖切绘制，即只画外形，如图 6-12c、d 所示。

螺栓联接使用弹簧垫圈时，其弹簧垫圈的尺寸和画法与平垫圈的画法有所不同，如图 6-13a 所示。

> 提示：螺纹紧固件应采用简化画法，六角头螺栓和六角螺母的头部曲线可省略不画。螺纹紧固件上的工艺结构，如倒角、退刀槽、缩颈、凸肩等均省略不画。

三、螺柱、螺钉联接

1. 螺柱联接

双头螺柱多用在被联接件之一较厚，不便使用螺栓联接的地方。这种联接是在机体上加工出不通的螺纹孔，将双头螺柱一端拧入螺纹孔，而另一端穿过被联接零件的通孔，放上垫圈后再拧紧螺母的一种联接方式。双头螺柱联接与螺栓联接的画法有所区别，其联接画法如图 6-13b 所示。画双头螺柱联接时应注意以下几点：

1）螺柱旋入端的螺纹终止线与两个被联接件的接触面应画成一条线。

2）螺纹孔可采用简化画法，即仅按螺纹孔深度画出，而不画钻孔深度。

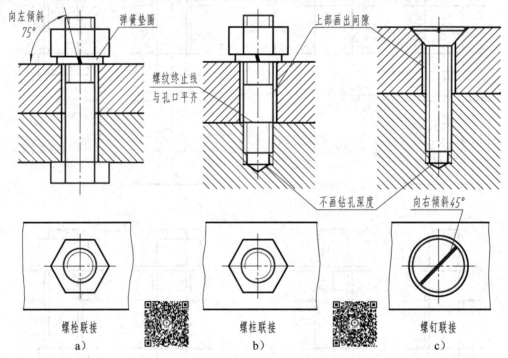

图 6-13　螺纹紧固件的简化画法

2. 螺钉联接

螺钉联接用在受力不大和不经常拆卸的地方。这种联接是在较厚的机件上加工出螺纹孔，而另一被联接件上加工有通孔，将螺钉穿过通孔拧入螺纹孔，从而达到联接的目的。

螺钉头部的一字槽可画成一条特粗线（约 2d），俯视图中画成与水平线成 45°、自左下向右上的斜线；螺纹孔可不画出钻孔深度，仅按螺纹深度画出，如图 6-13c 所示。

提示：在装配图中，当需要绘制螺纹紧固件时，应尽量采用比例画法，既可减少绘图的工作量，又能提高绘图速度，增加图样的明晰度，使图样的重点更加突出。

第三节　直齿圆柱齿轮

齿轮是一个有齿的机械构件，通过一对齿轮啮合，可以在两轴之间实现传递动力、改变转速和旋向。

一、齿轮的基本知识（GB/T 3374.1—2010）

齿轮上每一个用于啮合的凸起部分，称为轮齿。一对齿轮的齿，依次交替地接触，从而实现一定规律的相对运动的过程和形态，称为啮合。由两个啮合的齿轮组成的基本机构，称为齿轮副。常用的齿轮副按两轴的相对位置不同，分成如下三种：

（1）平行轴齿轮副（圆柱齿轮啮合）　两轴线相互平行的齿轮副，用于两平行轴间的传动，如图 6-14a 所示。

（2）锥齿轮副（锥齿轮啮合）　两轴线相交的齿轮副，用于两相交轴间的传动，如图 6-14b 所示。

（3）交错轴齿轮副（蜗杆与蜗轮啮合）　两轴线交错的齿轮副，用于两交错轴间的传动，如图 6-14c 所示。

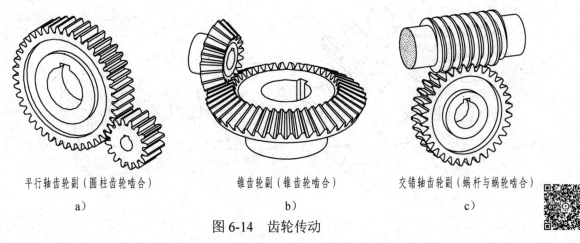

平行轴齿轮副（圆柱齿轮啮合）　　　　锥齿轮副（锥齿轮啮合）　　　　交错轴齿轮副（蜗杆与蜗轮啮合）

　　　　a)　　　　　　　　　　　　　　　b)　　　　　　　　　　　　　　　c)

图 6-14　齿轮传动

二、直齿轮轮齿的各部分名称及代号（GB/T 3374.1—2010）

圆柱齿轮的轮齿有直齿、斜齿、人字齿等。分度圆柱面齿线为直母线的圆柱齿轮，称为直齿轮，如图 6-15a 所示。齿轮轮齿最常用的齿形曲线是渐开线。

（1）齿顶圆（d_a）　齿顶圆柱面被垂直于其轴线的平面所截的截线，称为齿顶圆。

（2）齿根圆（d_f）　齿根圆柱面被垂直于其轴线的平面所截的截线，称为齿根圆。

（3）分度圆（d）和节圆（d'）　分度圆柱面与垂直于其轴线的一个平面的交线，称为分度圆；节圆柱面被垂直于其轴线的一个平面所截的截线，称为节圆。在一对标准齿轮啮合中，两齿轮分度圆柱面相切，即 $d=d'$。

（4）齿顶高（h_a）　齿顶圆和分度圆之间的径向距离，称为齿顶高。标准齿轮的齿顶高 $h_a=m$（m 为模数）。

（5）齿根高（h_f）　齿根圆和分度圆之间的径向距离，称为齿根高。标准齿轮的齿根高 $h_f=1.25m$（m 为模数）。

（6）齿高（h）　齿顶圆和齿根圆之间的径向距离，称为齿高。

（7）端面齿距（简称齿距 p）　两个相邻同侧端面齿廓之间的分度圆弧长，称为端面齿距。

（8）端面齿槽宽（简称槽宽 e）　在端平面上，一个齿槽的两侧齿廓之间的分度圆弧长，称为端面齿槽宽。

（9）端面齿厚（简称齿厚 s）　一个齿的两侧端面齿廓之间的分度圆弧长，称为端面齿厚。在标准齿轮中，槽宽与齿厚各为齿距的一半，即 $s=e=p/2$，$p=s+e$。

（10）齿宽（b）　齿轮的有齿部位沿分度圆柱面的母线方向度量的宽度，称为齿宽。

（11）啮合角和压力角（α）　在一般情况下，两相啮轮齿的端面齿廓在接触点处的公法线，与两节圆的内公切线所夹的锐角，称为啮合角，如图 6-15b 所示。对于渐开线齿轮，是指两相啮轮齿在节点上的端面压力角。标准齿轮的压力角 $\alpha=20°$。

（12）齿数（z）　一个齿轮的轮齿总数。

（13）中心距（a）　齿轮副的两轴线之间的最短距离，称为中心距。

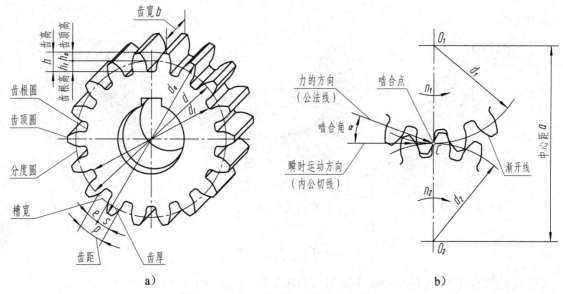

图 6-15　齿轮的各部名称及代号

三、直齿轮的基本参数与轮齿各部分的尺寸关系

1．模数

齿轮上有多少齿，在分度圆周上就有多少齿距，即分度圆周总长为

$$\pi d = zp \qquad\qquad (6\text{-}1)$$

则分度圆直径

$$d = (p/\pi)z \qquad\qquad (6\text{-}2)$$

分度曲面上的齿距 p 除以圆周率 π 所得的商，称为模数，用符号"m"表示，单位为 mm，即

$$m=p/\pi \tag{6-3}$$

将式（6-3）代入式（6-2），得

$$d=mz \tag{6-4}$$

即

$$m=d/z \tag{6-5}$$

相互啮合的一对齿轮，其齿距 p 必须相等。由于 $p=m\pi$，因此它们的模数必须相等。模数 m 越大，轮齿就越大，齿轮的承载能力也大。模数 m 越小，轮齿就越小，齿轮的承载能力也小。

模数是计算齿轮主要尺寸的基本依据，国家标准对模数做了统一规定，见表 6-3。

表 6-3　标准模数（摘自 GB/T 1357—2008）　　　　　　　　（单位：mm）

齿轮类型	模数系列	标准模数 m
圆柱齿轮	第一系列（优先选用）	1，1.25，1.5，2，2.5，3，4，5，6，8，10，12，16，20，25，32，40，50
	第二系列	1.125，1.375，1.75，2.25，2.75，3.5，4.5，5.5，（6.5），7，9，11，14，18，22，28，36，45

注：选用圆柱齿轮模数时，应优先选用第一系列，其次选用第二系列，避免采用括号内的模数。

2．模数与轮齿各部分的尺寸关系

齿轮的模数确定后，按照与模数 m 的比例关系，可计算出直齿轮轮齿部分的各个基本尺寸，详见表 6-4。

表 6-4　直齿轮轮齿的各部分尺寸关系

名称及代号	计算公式	名称及代号	计算公式
模　数 m	$m=d/z$（计算后，再从表 6-3 中取标准值）	分度圆直径 d	$d=mz$
齿顶高 h_a	$h_a=m$	齿顶圆直径 d_a	$d_a=d+2h_a=m(z+2)$
齿根高 h_f	$h_f=1.25m$	齿根圆直径 d_f	$d_f=d-2h_f=m(z-2.5)$
齿　高 h	$h=h_a+h_f=2.25m$	中心距 a	$a=\dfrac{d_1+d_2}{2}=\dfrac{m(z_1+z_2)}{2}$

四、直齿轮的规定画法（GB/T 4459.2—2003）

1．单个直齿轮的规定画法

（1）视图画法　直齿轮的齿顶线用粗实线绘制；分度线用细点画线绘制；齿根线用细实线绘制，或省略不画，如图 6-16a 所示。

（2）剖视画法　当剖切平面通过直齿轮的轴线时，轮齿一律按不剖处理（不画剖面线）。齿顶线用粗实线绘制；分度线用细点画线绘制；齿根线用粗实线绘制，如图 6-16b、c 所示。

（3）端面视图画法　在表示直齿轮端面的视图中，齿顶圆用粗实线绘制；分度圆用细点画线绘制；齿根圆用细实线绘制，或省略不画，如图 6-16d 所示。

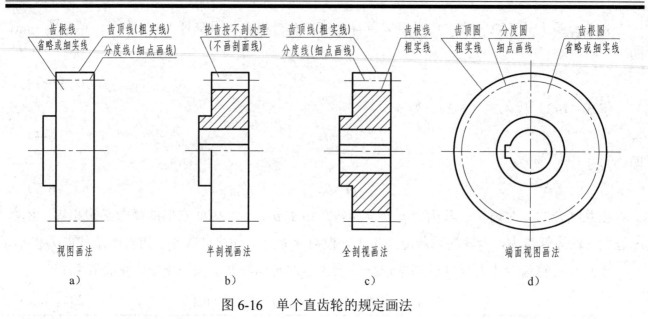

图 6-16 单个直齿轮的规定画法

2. 直齿轮啮合的规定画法

（1）剖视画法 当剖切平面通过两啮合齿轮的轴线时，在啮合区内，将一个齿轮的轮齿用粗实线绘制，另一个齿轮的轮齿被遮挡的部分用细虚线绘制，如图 6-17a 所示；另一个齿轮的轮齿被遮挡的部分，可省略不画，如图 6-17b 所示。

（2）视图画法 在平行于直齿轮轴线的投影面的视图中，啮合区内的齿顶线不必画出，节线用粗实线绘制，其他处的节线用细点画线绘制，如图 6-17c 所示。

（3）端面视图画法 在垂直于直齿轮轴线的投影面的视图中，两直齿轮节圆应相切，啮合区内的齿顶圆均用粗实线绘制，如图 6-17d 所示；也可将啮合区内的齿顶圆省略不画，如图 6-17e 所示。

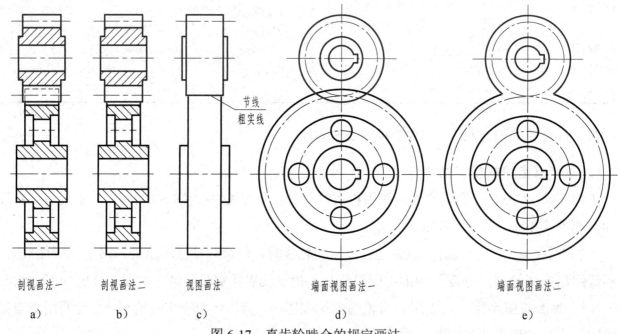

图 6-17 直齿轮啮合的规定画法

第四节　键联结和销联接

一、普通平键联结（GB/T 1096—2003）

如果要把动力通过联轴器、离合器、齿轮、飞轮或带轮等机械零件，传递到安装这个零件的轴上，通常在轮孔和轴上分别加工出键槽，把普通平键的一半嵌在轴里，另一半嵌在与轴相配合的零件的毂里，使它们联在一起转动，如图 6-18 所示。

键联结有多种形式，各有其特点和适用场合。普通平键制造简单，装拆方便，轮与轴的同心度较好，在各种机械上应用广泛。普通平键有普通 A 型平键（圆头）、普通 B 型平键（平头）和普通 C 型平键（单圆头）三种类型，其形状如图 6-19 所示。

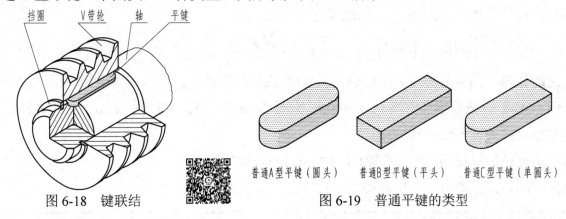

图 6-18　键联结

图 6-19　普通平键的类型

普通平键是标准件。选择平键时，从标准中查取键的截面尺寸 $b \times h$，然后按轮毂宽度 B 选定键长 L，一般 $L = B - (5 \sim 10\text{mm})$，并取 L 为标准值。键和键槽的类型、尺寸，详见表 B-4。

键的标记格式为：

| 标准编号 | 名称 | 类型 | 键宽×键高×键长 |

标记的省略　因为普通 A 型平键应用较多，所以普通 A 型平键不注"A"。

【例 6-12】　普通 A 型平键，键宽 $b=18\text{mm}$，键高 $h=11\text{mm}$，键长 $L=100\text{mm}$，试写出键的标记。

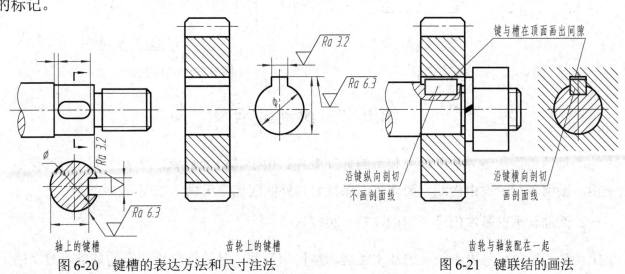

图 6-20　键槽的表达方法和尺寸注法

图 6-21　键联结的画法

135

解 键的标记为"**GB/T 1096 键18×11×100**"。

图 6-20 所示为轴和齿轮上的键槽在零件图中的一般表达方法和尺寸注法。图 6-21 所示为键联结在装配图中的画法。普通平键在高度上两个面是平行的，键侧与键槽的两个侧面紧密配合，靠键的侧面传递转矩。

> 提示：①在键联结的画法中，平键与槽在顶面不接触，应画出间隙。②平键的倒角省略不画。③沿平键的纵向剖切时，平键按不剖处理。④横向剖切平键时，要画出剖面线，如图 6-21 所示。

二、销联接

销是标准件，主要用于零件间的联接或定位。销的类型较多，但最常见的两种基本类型是圆柱销和圆锥销，如图 6-22 所示。销的简化标记格式为：

| 名称 | 标准编号 | 类型 | 公称直径 | 公差代号 | ×长度 |

标记的省略 销的名称可省略；因为 A 型圆锥销应用较多，所以 A 型圆锥销不注"A"。

【例 6-13】 试写出公称直径 d=6mm、公差为 m6、公称长度 l=30mm、材料为钢、不经淬火、不经表面处理的圆柱销的标记。

解 圆柱销的标记为"**销 GB/T 119.1 6 m6×30**"。

根据销的标记，即可查出销的类型和尺寸，详见表 B-5、表 B-6。

> 提示：①圆锥销的公称直径是指小端直径。②在销联接的画法中，当剖切平面沿销的轴线剖切时，销按不剖处理（不画剖面线）；垂直销的轴线剖切时，要画出剖面线。③销的倒角（或球面）可省略不画，如图 6-23 所示。

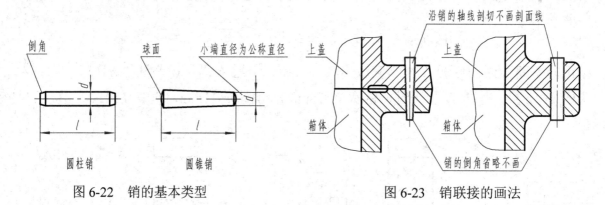

图 6-22 销的基本类型　　　　　　　　图 6-23 销联接的画法

第五节　滚动轴承

滚动轴承是支承轴并承受轴上载荷的标准组件。由于其结构紧凑、摩擦力小，所以得到广泛使用。滚动轴承一般由内圈、滚动体、保持架、外圈四部分组成，如图 6-24 所示。

一、滚动轴承的基本代号（GB/T 272—2017）

滚动轴承基本代号表示轴承的基本类型、结构和尺寸，是滚动轴承代号的基础。滚动轴承

基本代号由以下三部分内容组成，即

$$\boxed{类型代号}\ \boxed{尺寸系列代号}\ \boxed{内径代号}$$

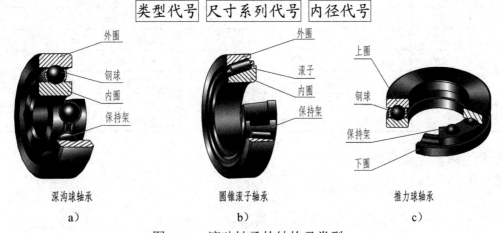

深沟球轴承　　　　　　　圆锥滚子轴承　　　　　　　推力球轴承
a)　　　　　　　　　　　　b)　　　　　　　　　　　　c)

图 6-24　滚动轴承的结构及类型

1. 类型代号

滚动轴承类型代号用数字或字母来表示，见表 6-5。

表 6-5　滚动轴承类型代号（摘自 GB/T 272—2017）

代号	轴承类型	代号	轴承类型	代号	轴承类型
0	双列角接触球轴承	4	双列深沟球轴承	8	推力圆柱滚子轴承
1	调心球轴承	5	推力球轴承	N	圆柱滚子轴承
2	调心滚子轴承	6	深沟球轴承	U	外球面球轴承
3	圆锥滚子轴承	7	角接触球轴承	QJ	四点接触球轴承

2. 尺寸系列代号

尺寸系列代号由轴承的宽（高）度系列代号和直径系列代号组合而成，用两位阿拉伯数字来表示。它的主要作用是区别内径相同而宽度和外径不同的滚动轴承。常用的滚动轴承类型、尺寸系列代号及由轴承类型代号、尺寸系列代号组成的组合代号，见表 6-6。

表 6-6　常用的滚动轴承类型、尺寸系列代号及其组合代号（摘自 GB/T 272—2017）

轴承类型	类型代号	尺寸系列代号	组合代号	轴承类型	类型代号	尺寸系列代号	组合代号	轴承类型	类型代号	尺寸系列代号	组合代号
圆锥滚子轴承	3	20	320	推力球轴承				深沟球轴承	6	17	617
	3	30	330						6	37	637
	3	31	331		5	11	511		6	18	618
	3	02	302		5	12	512		6	19	619
	3	22	322		5	13	513		6	(1) 0	60
	3	32	332		5	14	514		6	(0) 2	62
	3	03	303						6	(0) 3	63
	3	13	313						6	(0) 4	64

注：表中圆括号内的数字在组合代号中省略。

3. 内径代号

内径代号表示滚动轴承的公称直径，一般用两位阿拉伯数字表示。其表示方法见表 6-7。

表6-7 滚动轴承内径代号（摘自 GB/T 272—2017）

轴承公称内径/mm		内径代号	示 例	
10～17	10	00	深沟球轴承 6200	$d=10$mm
	12	01	深沟球轴承 6201	$d=12$mm
	15	02	深沟球轴承 6202	$d=15$mm
	17	03	深沟球轴承 6203	$d=17$mm
20～480 （22、28、32 除外）		公称内径除以5的商数，商数为个位数，需在商数左边加"0"，如08	圆锥滚子轴承 30308 深沟球轴承 6215	$d=40$mm $d=75$mm

滚动轴承的基本代号举例：

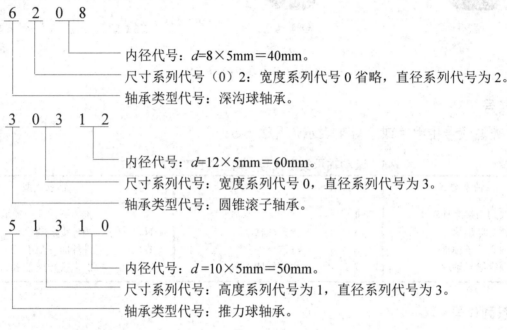

4. 滚动轴承的标记

滚动轴承的标记格式为：

| 名称 | 基本代号 | 标准编号 |

【例6-14】 试写出圆锥滚子轴承、内径 $d=70$mm、宽度系列代号为1、直径系列代号为3 的标记。

解 圆锥滚子轴承的标记为"**滚动轴承 31314 GB/T 297—2015**"。

根据滚动轴承的标记，即可查出滚动轴承的类型和尺寸，详见表B-7。

二、滚动轴承的画法（GB/T 4459.7—2017）

当需要在图样上表示滚动轴承时，可采用简化画法（即通用画法和特征画法）或规定画法。深沟球轴承和圆锥滚子轴承的各种画法及尺寸比例，如图6-25所示。其各部尺寸可根据滚动轴承代号，由标准（表B-7）中查得。

1. 简化画法

（1）通用画法 在剖视图中，当不需要确切地表示滚动轴承的外形轮廓、载荷特征、结构特征时，可用矩形线框及位于线框中央正立的十字形符号表示滚动轴承，如图6-25a、e所示（其画法相同）。

（2）特征画法　在剖视图中，如需较形象地表示滚动轴承的结构特征时，可采用在矩形线框内画出其结构要素符号的方法表示滚动轴承，如图 6-25b、f 所示。

通用画法和特征画法应绘制在轴的两侧。矩形线框、符号和轮廓线均用粗实线绘制。

2．规定画法

必要时，在滚动轴承的产品图样、产品样本和产品标准中，采用规定画法表示滚动轴承。采用规定画法绘制滚动轴承的剖视图时，轴承的滚动体不画剖面线，其内外圈可画成方向和间隔相同的剖面线；在不致引起误解时，也允许省略不画。滚动轴承的倒角省略不画。规定画法一般绘制在轴的一侧，另一侧按通用画法绘制，如图 6-25c、g 所示。

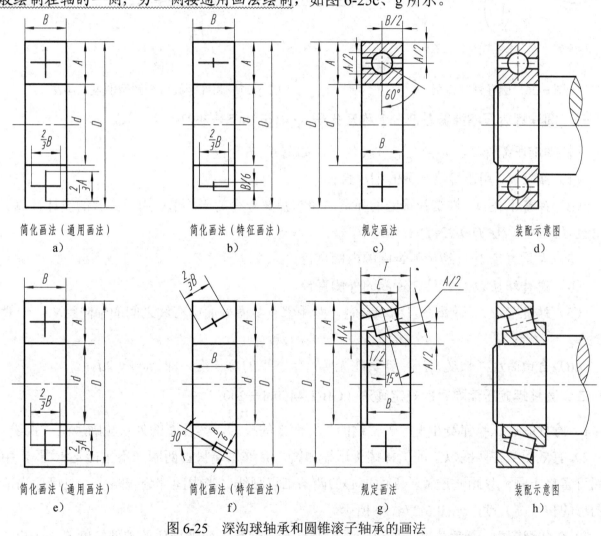

简化画法（通用画法）　简化画法（特征画法）　规定画法　装配示意图
a)　　　　　　　b)　　　　　　c)　　　　　d)

简化画法（通用画法）　简化画法（特征画法）　规定画法　装配示意图
e)　　　　　　　f)　　　　　　g)　　　　　h)

图 6-25　深沟球轴承和圆锥滚子轴承的画法

第六节　圆柱螺旋压缩弹簧

弹簧是一种通过变形储存和释放能量的机械零件（可装置）。承受轴向压力的弹簧，称为压缩弹簧。承受轴向拉力的弹簧，称为拉伸弹簧。承受绕纵轴方向扭矩的弹簧，称为扭转弹簧。它的特点是在弹性限度内，受外力作用而变形，去掉外力后，弹簧能立即恢复原状。弹簧的种类很多，用途较广。

卷绕成螺旋形状的弹簧，称为螺旋弹簧。圆柱形状的螺旋弹簧，称为圆柱螺旋弹簧。圆柱螺旋弹簧包括螺旋压缩弹簧、螺旋拉伸弹簧和螺旋扭转弹簧，如图 6-26 所示。

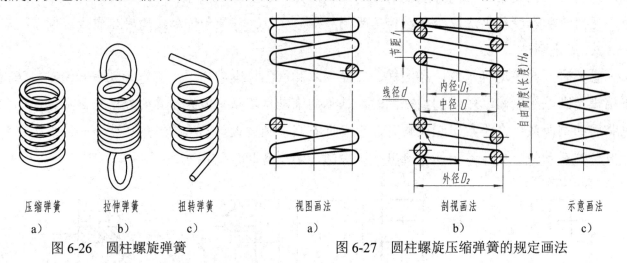

图 6-26　圆柱螺旋弹簧　　　　图 6-27　圆柱螺旋压缩弹簧的规定画法

一、圆柱螺旋压缩弹簧各部分名称及代号（GB/T 1805—2021）

圆柱螺旋压缩弹簧的各部分名称及代号，如图 6-27b 所示。

（1）线径 d　用于缠绕弹簧的钢丝直径。

（2）弹簧中径 D　螺旋弹簧圈的弹簧内径与弹簧外径的平均值，用于弹簧的设计计算。即规格直径：$D=(D_2+D_1)/2=D_1+d=D_2-d$。

（3）弹簧内径 D_1　螺旋弹簧圈的内侧直径。

（4）弹簧外径 D_2　螺旋弹簧圈的外侧直径。

（5）弹簧节距 t　弹簧在自由状态时，两相邻有效圈截面中心线之间的轴向距离。一般 $t=(D_2/3)\sim(D_2/2)$。

（6）自由高度（长度）H_0　弹簧在无负荷状态下的总长度，即 $H_0=nt+2d$。

二、圆柱螺旋压缩弹簧的规定画法（GB/T 4459.4—2003）

1）圆柱螺旋压缩弹簧在平行于轴线的投影面上的投影，其各圈的外形轮廓应画成直线。

2）有效圈数在四圈以上的圆柱螺旋压缩弹簧，允许每端只画两圈（不包括支承圈），中间各圈可省略不画，只画通过簧丝断面中心的两条细点画线。当中间部分省略后，也可适当地缩短图形的长（高）度，如图 6-27a、b 所示。

3）在装配图中，弹簧中间各圈采取省略画法后，弹簧后面被挡住的零件轮廓不必画出，如图 6-28a、b 所示。

4）当线径在图上小于或等于 2mm 时，可采用示意画法，如图 6-27c、图 6-28c 所示。如果是断面，可以涂黑表示，如图 6-28b 所示。

5）右旋弹簧或旋向不做规定的圆柱螺旋压缩弹簧，在图上画成右旋。左旋弹簧允许画成右旋，但左旋弹簧不论画成左旋还是右旋，一律要加注"LH"。

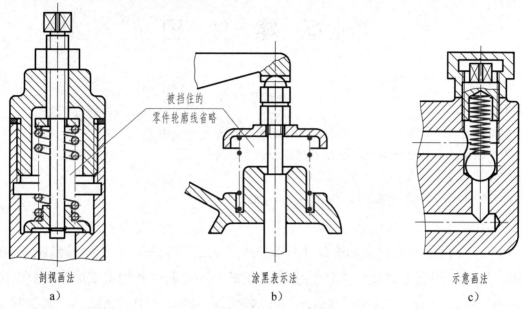

图 6-28　圆柱螺旋压缩弹簧在装配图中的画法

三、普通圆柱螺旋压缩弹簧的标记（GB/T 2089—2009）

圆柱螺旋压缩弹簧的标记格式如下：

Y 端部形式　$d×D×H_0$ 精度代号　旋向代号　标准号

标记的注写规则：

（1）类型代号　YA 为两端圈并紧磨平的冷卷压缩弹簧；YB 为两端圈并紧制扁的热卷压缩弹簧。

（2）规格　线径×弹簧中径×自由高度。

（3）精度代号　2 级精度制造不表示，3 级应注明"3"级。

（4）旋向代号　左旋应注明为左，右旋不表示。

（5）标准号　GB/T 2089（省略年号）。

【例 6-15】　解释"**YA　1.8×8×40　左　GB/T 2089**"的含义。

解　YA 型弹簧，线径为 1.8mm，弹簧中径为 8mm，自由高度为 40mm，精度等级为 2 级，左旋的两端圈并紧磨平的冷卷压缩弹簧（标准号为 GB/T 2089）。

素养提升

本章所讲的都是一些机器设备中最为常见的标准件的表示法。例如画图多采用简化画法的螺栓（俗称螺丝钉），看起来好像不起眼儿，按需要买来装上即可。其实不然，若没有这些普通的螺丝钉，各式各样的机器设备恐怕也就不存在了。我们都是社会中普通的一员，要在不同的岗位上承担不同的角色。我们要学习螺丝钉精神，学习、掌握一定的技能，做一个对社会有用的人，在社会中默默无闻地奉献个人的聪明才智，为祖国的发展贡献自己的力量。

建议同学们：打开百度App，搜索央视综合频道《大国重器》，选看第七集。

第七章 零 件 图

你知道图 7-1a 所示的带轮是怎么加工出来的吗？加工带轮前，首先要看懂图 7-1b 所示的带轮零件图。然后，根据零件图中的各项要求，在车床上完成主要加工工序，再到插床上加工出带轮的键槽，如图 7-1c、d 所示。由此可见，看懂零件图是加工的基础，否则你将无法进行相应的工作。因此，要想在工厂里有所作为，学会零件图的相关知识是必需的。

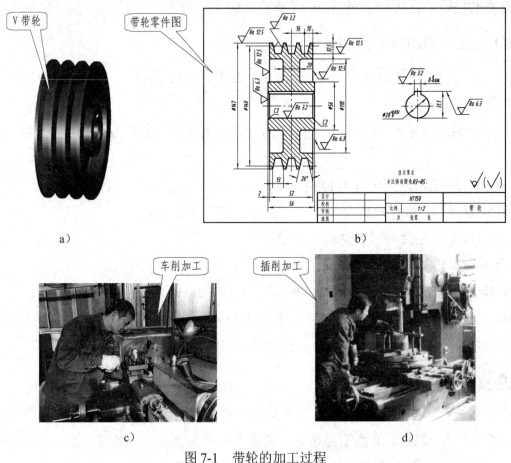

图 7-1　带轮的加工过程

第一节　零件图的作用和内容

任何机器或部件都是由若干零件按一定的装配关系和技术要求组装而成的，因此零件是组成机器或部件的基本单位。制造机器时，先按零件图要求制造出全部零件，再按装配图要求将零件装配成机器或部件。

表示零件结构、大小和技术要求的图样称为零件图。它是制造和检验零件的依据，是组织生产的主要技术文件。

图 7-2 所示为拨叉的轴测图，其零件图如图 7-3 所示。从中可以看出，一张完整的零件图，包括以下四方面内容。

（1）一组图形 用一定数量的视图、剖视图、断面图、局部放大图等，完整、清晰地表达零件的结构形状。

（2）一组尺寸 正确、完整、清晰、合理地标注出制造和检验零件所需的全部尺寸。

（3）技术要求 用规定的代号和文字，注写制造、检验零件所达到的技术要求，如表面粗糙度、极限与配合、表面处理等。

（4）标题栏 在图样的右下角绘有标题栏，填写零件的名称、数量、材料、比例、图号以及设计、绘图人员的签名等。

图 7-2 拨叉的轴测图

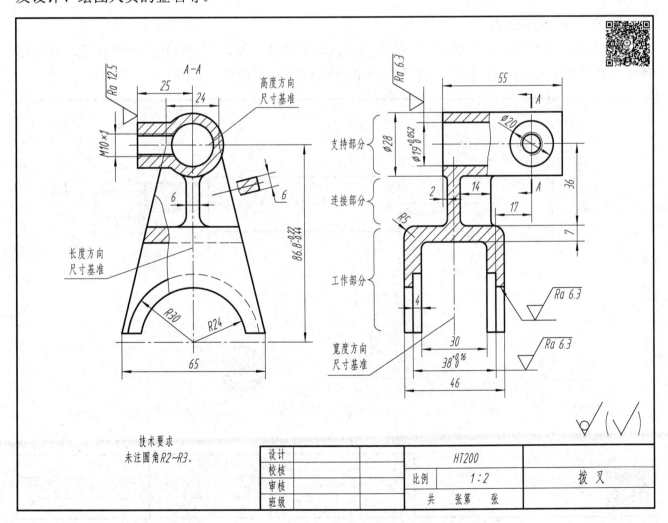

图 7-3 拨叉零件图

第二节　典型零件的表达方法

根据零件结构的特点和用途，大致可分为轴（套）类、轮盘类、叉架类和箱体类四类典型零件。它们在视图表达方面虽有共同原则，但各有不同特点。

一、轴（套）类零件

1．结构特点

轴的主体多数是由几段直径不同的圆柱、圆锥体所组成，构成阶梯状。其轴向尺寸远大于径向尺寸。轴上有键槽、螺纹、挡圈槽、倒角、退刀槽、中心孔等结构，如图 7-4 所示。

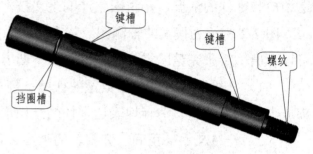

图 7-4　主动轴的结构

为了传递动力，轴上装有齿轮、带轮等，利用键来联结，因此在轴上加工出键槽；为了防止齿轮轴向窜动，装有弹簧挡圈，故加工出挡圈槽；为了便于轴上各零件的安装，在轴端加工出倒角；轴的中心孔是供加工时装夹和定位用的。这些局部结构主要是为了满足设计要求和工艺要求。

2．常用的表达方法

为了加工时看图方便，轴类零件的主视图按加工位置选择，一般将轴线水平放置，垂直轴线方向作为主视图的投射方向，使它符合车削和磨削的加工位置，如图 7-5 所示。在主视图上，

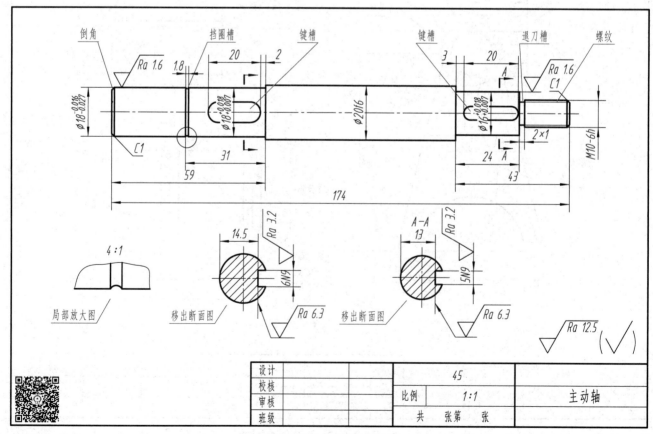

图 7-5　主动轴零件图

清楚地反映了阶梯轴的各段形状及相对位置，也反映了轴上各种局部结构的轴向位置。轴上的局部结构，一般采用断面、局部剖视、局部放大图、局部视图来表达。用移出断面反映键槽的深度，用局部放大图表达挡圈槽的结构。

关于套类零件，主要结构仍由回转体组成，与轴类零件不同之处在于套类零件是空心的，因此主视图多采用轴线水平放置的全剖视图表示。

二、轮盘类零件

1．结构特点

轮盘类零件的基本形状是扁平的盘状，主体部分多为回转体，其径向尺寸远大于轴向尺寸，如图 7-6 所示。轮盘类零件大部分是铸件，如各种齿轮、带轮、手轮、减速器的一些端盖、齿轮泵的泵盖等都属于这类零件。

2．常用的表达方法

轮盘类零件的主要加工表面以车削为主，因此在表达这类零件时，主视图经常是将轴线水平放置，并作全剖视。如图 7-7 所示，采用一个全剖的主视图，基本上清楚地反映了端盖的结构。另外，

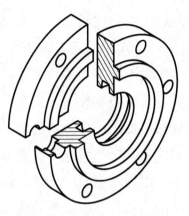

图 7-6 端盖轴测剖视

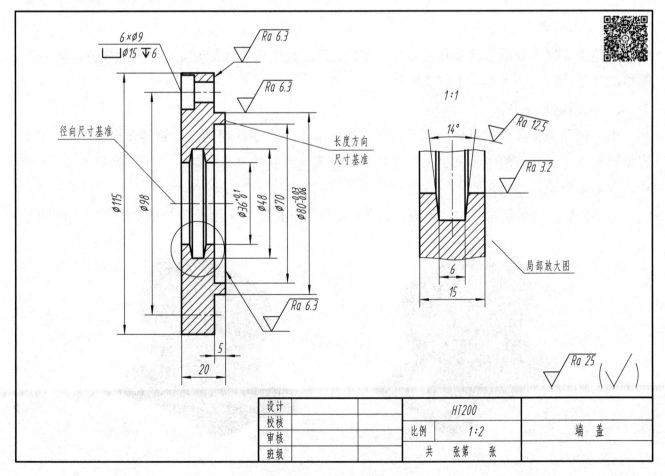

图 7-7 端盖零件图

采用一个局部放大图，用以表示密封槽的结构，便于标注密封槽的尺寸。

三、叉架类零件

1. 结构特点

叉架类零件包括拨叉、支架、连杆等零件。叉架类零件一般由三部分构成，即支持部分、工作部分和连接部分，如图 7-3 所示。连接部分多是肋板结构，且形状弯曲、扭斜的较多。支持部分和工作部分，细部结构也较多，如圆孔、螺孔、油槽、油孔等。这类零件，多数形状不规则，结构比较复杂，毛坯多为铸件，需经多道工序加工制成。

2. 常用的表达方法

由于叉架类零件加工位置经常变化，因此选主视图时，主要考虑零件的形状特征和工作位置。叉架类零件常需要两个或两个以上的基本视图，为了表达零件上的弯曲或扭斜结构，还要选用斜视图、单一斜剖切面剖切的全剖视图、断面图和局部视图等表达方法。画图时，一般把零件主要轮廓放成垂直或水平位置，如图 7-3 所示。拨叉的套筒凸出部分内部有孔，在主视图上采用局部剖视表达较为合适，并用移出断面表示肋板的断面形状。左视图着重表示了套筒、叉的形状和肋板结构的宽度。

四、箱体类零件

1. 结构特点

箱体类零件主要用来支承和包容其他零件，其内外结构都比较复杂，一般为铸件。如泵体、阀体、减速器的箱体等都属于这类零件。

2. 常用的表达方法

由于箱体类零件形状复杂，加工工序较多，加工位置不尽相同，但箱体在机器中的工作位置是固定的。因此，箱体的主视图常常按工作位置及形状特征来选择，为了清晰地表达内部结构，常采用剖视的方法。

图 7-8 是传动器箱体结构轴测图。图 7-9 是箱体零件图，采用了三个基本视图。主视图采

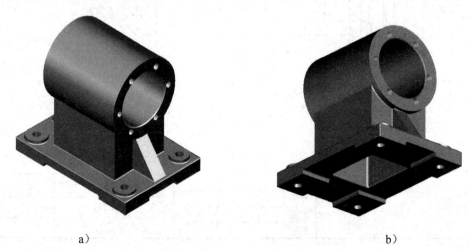

a)　　　　　　　　　　　　　　　　　　b)

图 7-8　传动器箱体结构

用全剖视，重点表达其内部结构；左视图内外兼顾，采用了半剖视，并采用局部剖视表达了底板上安装孔的结构；而 $A-A$ 剖视既表达了底板的形状，又反映了连接支承部分的断面形状，显然比画出俯视图的表达效果要好。

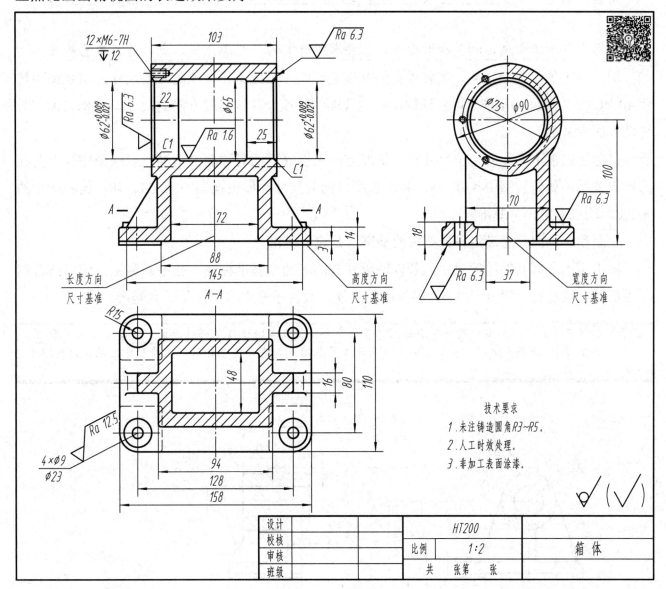

图 7-9 箱体零件图

第三节 零件图的尺寸标注

零件图中的尺寸是制造、检验零件的重要依据，生产中要求零件图中的尺寸不允许有任何差错。在零件图上标注尺寸，除要求正确、完整和清晰外，还应考虑合理性，既要满足设计要求，又要便于加工、测量。

一、正确地选择尺寸基准

要合理标注尺寸，必须恰当地选择尺寸基准，即尺寸基准的选择应符合零件的设计要求并便于加工和测量。零件的底面、端面、对称面、主要的轴线、中心线等都可作为尺寸基准。

1．设计基准和工艺基准

根据机器的结构和设计要求，用以确定零件在机器中位置的一些面、线、点，称为设计基准。

根据零件加工制造、测量和检验等工艺要求所选定的一些面、线、点，称为工艺基准。

图 7-10a 所示为轴承座，其轴承孔的高度是影响轴承座工作性能的主要尺寸，主视图中尺寸 40±0.02 以底面为基准，以保证轴承孔到底面的高度。其他高度方向的尺寸，如 8、10、58，均以底面为基准。

在标注底板上两孔的定位尺寸时，长度方向应以底板的对称面为基准，以保证底板上两孔的对称关系，如俯视图中尺寸 68。其他长度方向的尺寸，如主视图中的 54、48，俯视图中的 90、8，均以对称面为基准。

底面和对称面都是满足设计要求的基准，是设计基准。

轴承座上方螺孔的深度尺寸，若以轴承底板的底面为基准标注，就不易测量。应以凸台端面为基准标注螺孔的深度尺寸 6，测量比较方便，故轴承座上方平面是工艺基准。

提示：标注尺寸时，应尽量使设计基准与工艺基准重合，使尺寸既能满足设计要求，又能满足工艺要求。
　　　如图 7-10 中底面是设计基准，加工时又是工艺基准。二者不能重合时，主要尺寸应从设计基准出发标注。

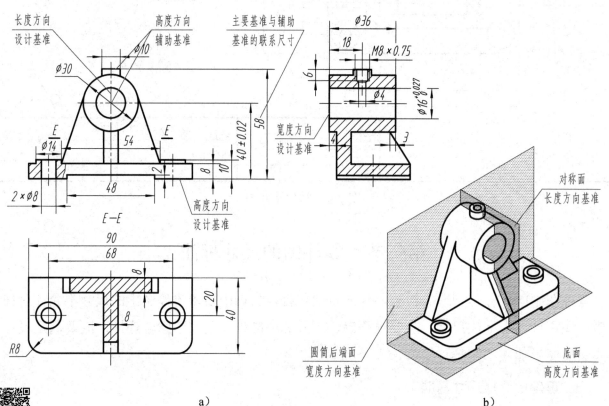

a)　　　　　　　　　　　　　　　　b)

图 7-10　轴承座的尺寸基准

2．主要基准与辅助基准

每个零件都有长、宽、高三个方向的尺寸，<u>每个方向至少有一个尺寸基准，且都有一个主要基准，即决定零件主要尺寸的基准</u>。如图 7-10b 中底面为高度方向的主要基准，对称面为长度方向的主要基准，圆筒的后端面为宽度方向的主要基准。

为了便于加工和测量，通常还附加一些尺寸基准，称为辅助基准。<u>辅助基准必须有尺寸与主要基准相联系</u>。如图 7-10a 中高度方向的主要基准是底面，而轴承孔轴线与轴承座上方平面为辅助基准（工艺基准），58 为辅助基准与主要基准之间的联系尺寸。

二、标注尺寸应注意的几个问题

1．功能尺寸应直接标注

为保证设计的精度要求，功能尺寸应直接注出。如图 7-11a 所示的装配图表明了零件凸块与凹槽之间的配合要求。如图 7-11b 所示，在零件图中直接注出功能尺寸 $20^{-0.020}_{-0.041}$ 和 $20^{+0.033}_{0}$，以及 6、7，能保证两零件的配合要求。而图 7-11c 中的功能尺寸，则需经计算得出，是错误的。

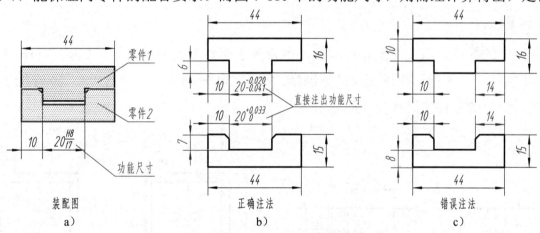

图 7-11 直接注出功能尺寸

2．避免注成封闭的尺寸链

图 7-12a 中的小轴，其长度方向的尺寸 24、9、38、71 首尾相接，构成一个封闭的尺寸链，这种情况应避免。因为封闭尺寸链中每一尺寸的尺寸精度，都将受链中其他各尺寸的误差的影响，在加工时就很难保证总长尺寸 71 的尺寸精度。

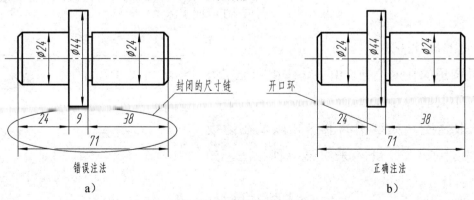

图 7-12 避免注成封闭的尺寸链

在这种情况下，应当挑选一个最不重要的尺寸空出不注，以使所有的尺寸误差都积累在此处，阶梯轴凸肩宽度尺寸9属于非主要尺寸，故断开不注，如图7-12b所示。

3. 应考虑加工方法，符合加工顺序

为便于不同工种的工人看图，应将零件上的加工面与非加工面尺寸尽量分别注在图形的两侧，如图7-13所示。对同一工种加工的尺寸，要适当集中标注，以便于加工时查找，如图7-14所示。

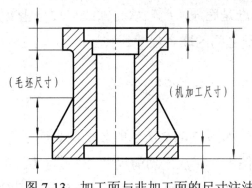

图7-13 加工面与非加工面的尺寸注法

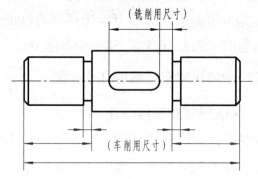

图7-14 同工种加工的尺寸注法

4. 考虑测量方便

孔深尺寸的标注，除了便于直接测量，也要便于调整刀具的进给量。如图7-15b所示，孔深尺寸14的注法，不便于用深度尺直接测量；如图7-15d所示，尺寸5、5、29在加工时无法直接测量，套筒的外径需经计算才能得出。

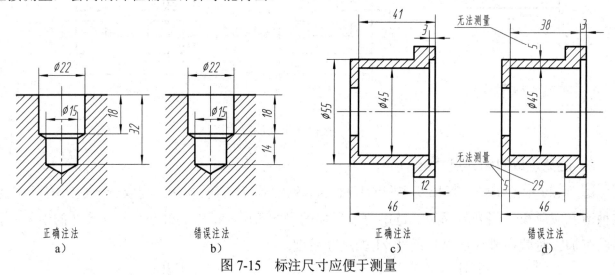

正确注法　　错误注法　　　　　正确注法　　　　　错误注法
a)　　　　 b)　　　　　　　 c)　　　　　　　　 d)
图7-15 标注尺寸应便于测量

5. 长圆孔的尺寸注法

零件上长圆形的孔或凸台，由于其作用和加工方法不同，而有不同的尺寸注法。

1）在一般情况（如键槽、散热孔以及在薄板零件上冲出的加强肋等）下，采用第一种注法，如图7-16a所示。

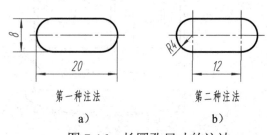

第一种注法　　　第二种注法
a)　　　　　　 b)
图7-16 长圆孔尺寸的注法

2）当长圆孔用于装入螺栓时，中心距就是允许螺栓变动的距离，也是钻孔的定位尺寸，采

用第二种注法，如图 7-16b 所示。

三、零件上常见孔的尺寸标注

零件上常见的光孔、锪孔、沉孔、螺纹孔等结构，可参照表 7-1 标注尺寸。它们的尺寸标注分为普通注法和旁注法两种形式，两种注法为同一结构的两种注写形式。

表 7-1　零件上常见孔的简化注法

类型	普通注法	旁注法（简化后）		说　明
光孔	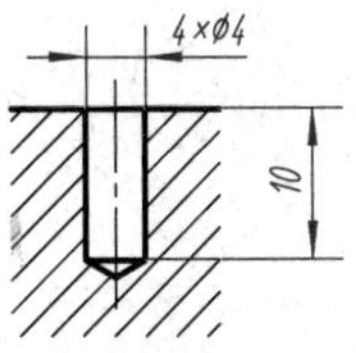	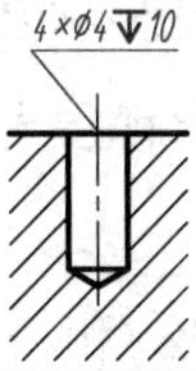 　4×∅4▽10	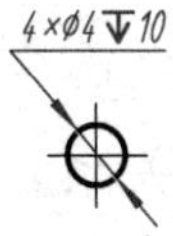 4×∅4▽10	"▽"为深度符号 四个相同的孔，直径为∅4mm，孔深 10mm
锪孔	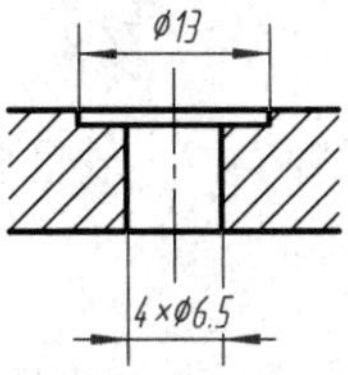	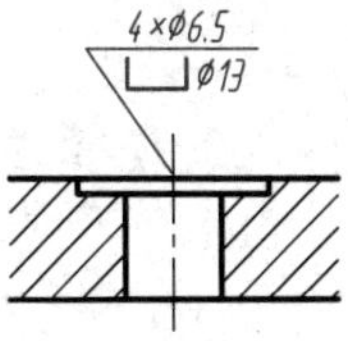 4×∅6.5　⌴∅13	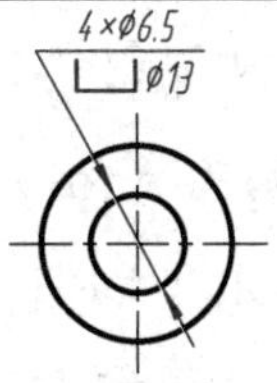 4×∅6.5　⌴∅13	"⌴"为锪平符号。锪孔通常只需锪出圆平面即可，故锪平深度一般不注 四个相同的孔，直径为∅6.5mm，锪平直径为∅13mm
沉孔	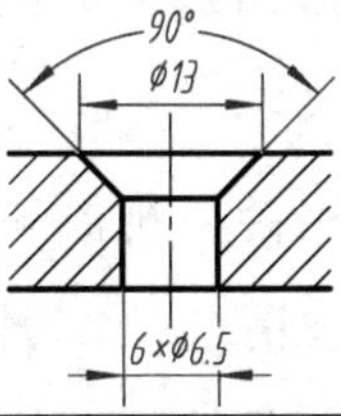	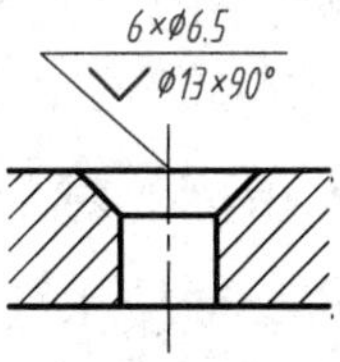 6×∅6.5　∨∅13×90°	 6×∅6.5　∨∅13×90°	"∨"为埋头孔符号。该孔为安装开槽沉头螺钉所用 六个相同的孔，直径为∅6.5mm，沉孔锥顶角为 90°，大口直径为∅13mm
螺纹孔	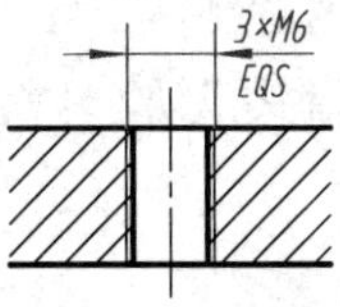 3×M6 EQS	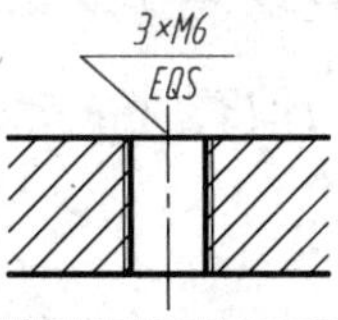 3×M6 EQS	 3×M6 EQS	"EQS"为均布孔的缩写词 三个相同的螺纹通孔均匀分布，公称直径 D=M6，螺纹公差为 6H（省略未注）

第四节　零件图上技术要求的注写

零件图中除了图形和尺寸外，还应具备加工和检验零件的技术要求。零件图的技术要求包含以下几个方面：

1）零件的表面结构。

2）极限与配合，几何公差。

3）对零件材料的热处理说明。

4）对指定加工方法和检验的说明。

以上内容有的要用符号或文字在图中注明。本节简要介绍表面粗糙度、极限与配合的有关要求及其标注方法。

一、表面结构的表示法

在机械图样上，为保证零件装配后的使用要求，除了对零件各部分结构的尺寸、几何公差给出要求外，还要根据零件的功能需要，对零件的表面质量——表面结构提出要求。表面结构是表面粗糙度、表面波纹度、表面缺陷、表面纹理和表面几何形状的总称。表面结构的各项要求在图样上的表示法，在 GB/T 131—2006 中均有规定，这里简要介绍表面粗糙度的表示法。

1. 表面粗糙度的基本概念

零件在机械加工过程中，由于机床、刀具的振动，以及材料在切削时产生塑性变形、刀痕等原因，经放大后可见其加工表面是高低不平的，如图 7-17 所示。零件加工表面上具有较小间距与峰谷所组成的微观几何形状特性称为表面粗糙度（可简单理解为表面的光滑程度）。表面粗糙度与加工方法、刀具及进给量等因素有密切关系。

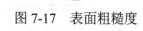

图 7-17　表面粗糙度

国家标准规定评定粗糙度轮廓中的两个高度参数 Ra 和 Rz，是我国机械图样中最常用的评定参数（图 7-18）。

（1）评定轮廓的算术平均偏差（Ra）　是指在一个取样长度内，纵坐标值 $Z(x)$ 绝对值的算术平均值。

（2）轮廓的最大高度（Rz）　是指在同一取样长度内，最大轮廓峰高和最大轮廓谷深之和的高度。

表面粗糙度是评定零件表面质量的一项重要技术指标，对于零件的配合、耐磨性、耐蚀性以及密封性等都有显著影响，是零件图中必不可少的一项技术要求。一般情况下，凡是零件上有配合要求或有相对运动的表面，表面粗糙度参数值均要小。表面粗糙度参数值越小，表面质量越高，加工成本也越高。因此，在满足使用要求的前提下，应尽量选用较大的参数值，以降低加工成本。

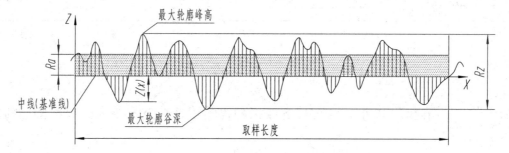

图 7-18　表面粗糙度的评定参数

2. 表面粗糙度的图形符号

标注表面粗糙度时，图形符号的种类、名称、画法及含义见表 7-2。

3. 表面粗糙度在图样中的注法

在图样中，零件表面粗糙度是用代号标注的。表面粗糙度符号中注写了具体参数代号及数值等要求后，即称为表面粗糙度代号。

1）表面粗糙度对每一表面一般只注一次，并尽可能注在相应的尺寸及其公差的同一视图上。除非另有说明，所标注的表面粗糙度是对完工零件表面的要求。

表 7-2 图形符号的含义

符号名称	符 号	含 义
基本图形符号（简称基本符号）	符号粗细为 h/10 h=字体高度 60° 60° 1.4h 3h	对表面结构有要求的图形符号 仅用于简化代号标注，没有补充说明时不能单独使用
扩展图形符号（简称扩展符号）	（斜线V形符号）	对表面结构有指定要求（去除材料）的图形符号 在基本图形符号上加一短横，表示指定表面是用去除材料的方法获得的，如通过机械加工获得的表面；仅当其含义是"被加工表面"时才可单独使用
	（带圆圈V形符号）	对表面结构有指定要求（不去除材料）的图形符号 在基本图形符号上加一圆圈，表示指定表面是用不去除材料的方法获得的
完整图形符号（简称完整符号）	允许任何工艺 去除材料 不去除材料	对基本图形符号或扩展图形符号扩充后的图形符号 当要求标注表面结构特征的补充信息时，在基本图形符号或扩展图形符号的长边上加一横线

2）表面粗糙度的注写和读取方向与尺寸的注写和读取方向一致，如图 7-3、图 7-5、图 7-7、图 7-9、图 7-19 所示。

3）表面粗糙度可标注在轮廓线上，其符号应从材料外指向并接触表面，如图 7-19、图 7-20 所示。必要时，表面结构也可用带箭头或黑点的指引线引出标注，如图 7-21 所示。

4）在不致引起误解时，表面粗糙度可以标注在给定的尺寸线上，如图 7-22 所示。

5）圆柱表面的表面粗糙度只标注一次，如图 7-23 所示。

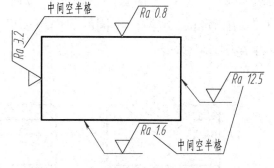

图 7-19 表面粗糙度的注写方向

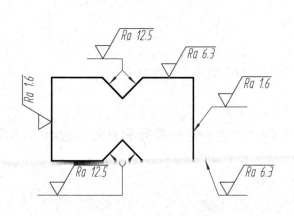

图 7-20 表面粗糙度注在轮廓线上

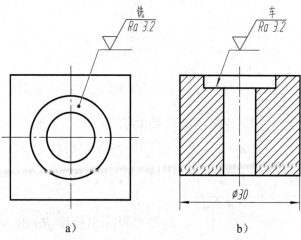

a)   b)

图 7-21 用指引线引出标注表面粗糙度

153

6）表面粗糙度可以直接标注在延长线上，或用带箭头的指引线引出标注，如图 7-23 所示。

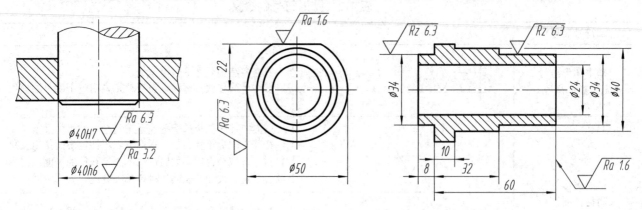

图 7-22 表面粗糙度标注在尺寸线上　　图 7-23 表面粗糙度注在圆柱特征的延长线上

提示：表面粗糙度代号与数值之间不能连续书写（Ra12.5），中间应空半格（Ra 12.5），如图 7-19 所示。

4. 表面粗糙度的简化注法

1）如果工件的全部表面具有相同的表面粗糙度，则其表面粗糙度可统一标注在图样的标题栏附近（右上方），如图 7-24a 所示。

2）如果工件的多数表面有相同的表面粗糙度，则其表面粗糙度可统一标注在图样的标题栏附近（右上方），并在表面粗糙度符号后面的圆括号内，给出无任何其他标注的基本符号，如图 7-24b 所示；或给出不同的表面粗糙度，如图 7-24c 所示。此时，将不同的表面粗糙度直接标注在图形中。

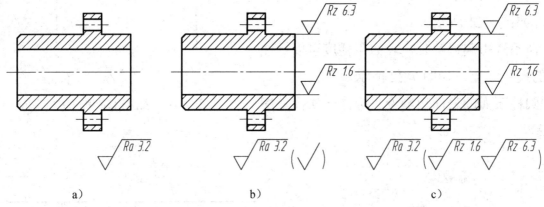

图 7-24 大多数表面有相同表面粗糙度的简化注法

5. 表面粗糙度代号的识读

在图样中，零件表面粗糙度是用代（符）号标注的，它由规定的符号和有关参数组成。表面粗糙度代号一般按下列方式识读：

1）　$\sqrt{Ra\ 3.2}$　，读作"表面粗糙度 Ra 的上限值为 3.2μm（微米）"；

2）　$\sqrt{Rz\ 6.3}$　，读作"表面粗糙度的最大高度 Rz 为 6.3μm（微米）"。

二、极限与配合（GB/T 1800.1—2020）

在一批相同的零件中任取一个，不需修配便可装到机器上并能满足使用要求的性质，称为互换性。

就尺寸而言，互换性要求尺寸的一致性，并不是要求零件都准确地制成一个指定的尺寸，而只是限定其在一个合理的范围内变动。对于相互配合的零件，这个范围，一是要求在使用和制造上是合理、经济的；再就是要求保证相互配合的尺寸之间形成一定的配合关系，以满足不同的使用要求。前者要以"公差"的标准化——极限制来解决，后者要以"配合"的标准化来解决，由此产生了"极限与配合"制度。

1. 尺寸公差与公差带

如图 7-25a、b 所示，轴的直径尺寸 $\phi 40^{+0.050}_{+0.034}$ 中，$\phi 40$ 是由图样规范定义的理想形状要素的尺寸，称为公称尺寸。$\phi 40$ 后面的 $^{+0.050}_{+0.034}$ 的含义分别是：

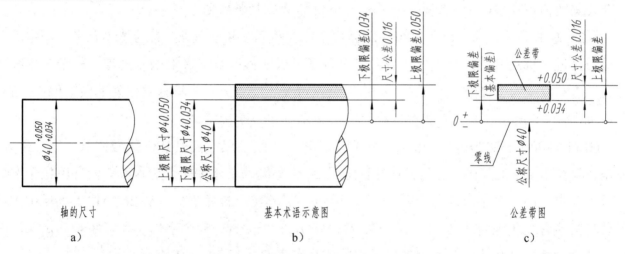

a)　　　　　　　　　　　b)　　　　　　　　　　　c)

图 7-25 基本术语和公差带示意图

上极限尺寸：尺寸要素（轴的直径）允许的最大尺寸，即 40mm+0.050mm=40.050mm。

下极限尺寸：尺寸要素（轴的直径）允许的最小尺寸，即 40mm+0.034mm=40.034mm。

上极限偏差：上极限尺寸减其公称尺寸所得的代数差，即 40.050mm-40mm =0.050mm。

下极限偏差：下极限尺寸减其公称尺寸所得的代数差，即 40.034mm-40mm =0.034mm。

公差：上极限尺寸与下极限尺寸之差；也可以是上极限偏差与下极限偏差之差。即

公差=上极限尺寸-下极限尺寸，即 40.05mm-40.034mm=0.016mm；

或公差=上极限偏差-下极限偏差，即 0.050mm-0.034mm=0.016mm。

也就是说，轴的直径最粗（上极限尺寸）为 $\phi 40.050$mm、最细（下极限尺寸）为 $\phi 40.034$mm。轴径的实际尺寸只要在 $\phi 40.034 \sim \phi 40.050$mm 范围内，就是合格的。

极限偏差是一个带符号的值，可以是正值、负值或零。公差是一个没有符号的绝对值，恒为正值，不能是零或负值。

在机械加工过程中，不可能将零件的尺寸加工得绝对准确，而是允许零件的实际尺寸在合

理的范围内变动。公差越小，零件的精度越高，实际尺寸的允许变动量也越小；反之，公差越大，尺寸的精度越低。

在公差分析中，常把公称尺寸、极限偏差及尺寸公差之间的关系简化成公差带图，如图7-25c所示。

在公差带图中，由代表上、下极限偏差的两条直线所限定的一个区域，称为公差带。在极限与配合图中，表示公称尺寸的一条直线称为零线，以其为基准确定极限偏差和尺寸公差。

2. 标准公差与基本偏差

公差带由公差带大小和公差带位置两个要素来确定。

（1）标准公差　线性尺寸公差ISO代号体系中的任一公差，称为标准公差。缩略语字母"IT"代表"国际公差"，标准公差等级用字符IT和等级数字表示，如IT7。标准公差分为20个等级，即IT01、IT0、IT1、IT2、…、IT18。IT01公差值最小，精度最高。IT18公差值最大，精度最低。标准公差数值可在表C-1中查得。公差带大小由标准公差来确定。

（2）基本偏差　确定公差带相对公称尺寸位置的那个极限偏差，称为基本偏差。基本偏差是指最接近公称尺寸的那个极限偏差，它可以是上极限偏差或下极限偏差。当公差带在零线上方时，基本偏差为下极限偏差（EI, ei）；当公差带在零线下方时，基本偏差为上极限偏差（ES, es），如图7-26所示。公差带相对零线的位置由基本偏差来确定。

GB/T 1800.1—2020《产品几何技术规范（GPS）　线性尺寸公差ISO代号体系　第1部分：公差、偏差和配合的基础》对孔和轴各规定了28个不同的基本偏差。基本偏差代号用拉丁字母表示。其中，用一个字母表示的有21个，用两个字母表示的有7个。从26个拉丁字母中去掉了易与其他含义相混淆的 I、L、O、Q、W（i、l、o、q、w）5个字母。大写字母表示孔，小写字母表示轴。轴和孔的基本偏差代号与数值可在表C-2、表C-3中查得。

如果基本偏差和标准公差确定了，那么，孔和轴的公差带大小和位置就确定了。

> 提示：如图7-26所示，图中各公差带只表示了公差带位置，即基本偏差，另一端开口，由相应的标准公差确定。

【例7-1】　查表确定公称尺寸为$\phi35$、公差等级为IT8的标准公差数值。

解　查表 C-1（标准公差数值），找到竖列 IT8→横排 "大于 30 至 50" 的交点，得到其标准公差数值为 39μm（0.039mm）。

【例7-2】　查表确定公称尺寸为$\phi80$、公差等级为IT5的标准公差数值。

解　查表 C-1（标准公差数值），找到竖列 IT5→横排有 "大于 50 至 80" 和 "大于 80 至 120" 两处，此时横排选择 "大于 50 至 80"，得到其标准公差数值为 13μm（0.013mm）。

【例7-3】　查表确定公称尺寸为$\phi30$、基本偏差代号为 f 和 p 的基本偏差数值。

解　查表 C-2（轴的基本偏差数值），找到竖列 f→横排 "大于 24 至 30" 的交点，得到 f 的基本偏差为 "-20μm"（-0.02mm），说明公差带在零线下方，基本偏差为上极限偏差。

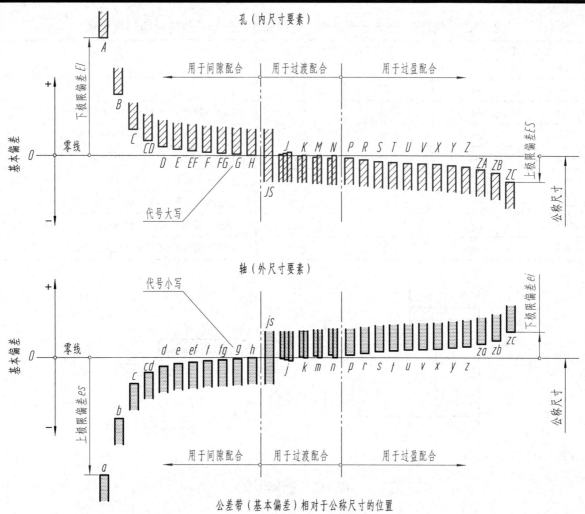

图 7-26　公差带（基本偏差）相对于公称尺寸的位置示意图

由横排继续向右找到与竖列 p 的交点，得到 p 的基本偏差为"+22μm"（+0.022mm），说明公差带在零线上方，基本偏差为下极限偏差。

【例7-4】　查表确定公称尺寸为 $\phi40$、基本偏差代号为 h 和 H 的基本偏差数值。

解　查表 C-2（轴的基本偏差数值），找到竖列 h→横排"大于 30 至 40"的交点，得到 h 的基本偏差（整列）为"0"，说明轴的上极限偏差与零线重合（参见图 7-26）。

查表 C-3（孔的基本偏差数值），找到竖列 H→横排"大于 30 至 40"的交点，得到 H 的基本偏差（整列）为"0"，说明孔的下极限偏差与零线重合（参见图 7-26）。

3. 配合

类型相同且待装配的外尺寸要素（轴）和内尺寸要素（孔）之间的关系，称为配合。根据使用要求的不同，配合有松有紧。

（1）间隙配合　孔和轴装配时总是存在间隙的配合。此时，孔的下极限尺寸大于或在极端情况下等于轴的上极限尺寸。也就是说孔的最小尺寸大于或等于轴的最大尺寸，如图 7-27 所示。

提示：机械图样中的尺寸以毫米为单位。比毫米还小的单位有哪些？仔细看一下表 7-3 就知道了。

表7-3 （长度）法定计量单位与常用非法定计量单位的对照和换算表

法定计量单位		常用非法定计量单位		换 算 关 系
名称	符号	名称	符号	
米	m	公尺	M	
分米	dm	公寸	—	1dm（分米）=10^{-1}m=10cm（厘米）
厘米	cm	公分	—	1cm（厘米）=10^{-2}m=10mm（毫米）
毫米	mm	公厘	MM	1mm（毫米）=10^{-3}m=10dmm（忽米）
—		忽米	dmm	1dmm（忽米）=10^{-4}m=10cmm（丝米）
—		丝米	cmm	1cmm（丝米）=10^{-5}m=10μm（微米）
微米	μm	公微	μM	1μm（微米）=10^{-6}m=1000nm（纳米）
纳米	nm	毫微米	mμm	1nm（纳米）=10^{-9}m=1mμm（毫微米）

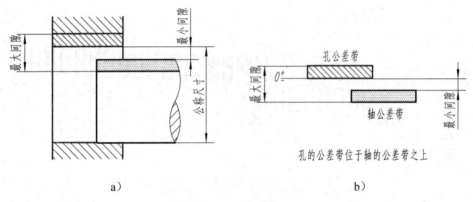

a)   b)
孔的公差带位于轴的公差带之上

图 7-27 间隙配合

（2）过盈配合 孔和轴装配时总是存在过盈的配合。此时，孔的上极限尺寸小于或在极端情况下等于轴的下极限尺寸。也就是说轴的最小尺寸大于或等于孔的最大尺寸，如图7-28所示。

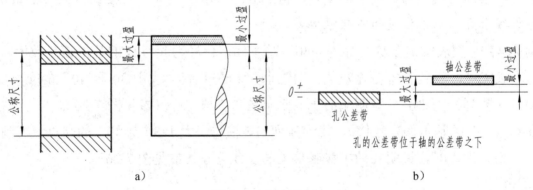

孔的公差带位于轴的公差带之下

a)   b)

图 7-28 过盈配合

（3）过渡配合 孔和轴装配时可能具有间隙或过盈的配合。孔和轴的公差带或完全重叠或部分重叠，因此，是否形成间隙配合或过盈配合取决于孔和轴的实际尺寸。也就是说轴与孔配合时，有可能产生间隙，也可能产生过盈，产生的间隙或过盈都比较小，如图7-29所示。

4. 配合制

在加工制造相互配合的零件时，采取其中一个零件作为基准件，使其基本偏差不变，通过

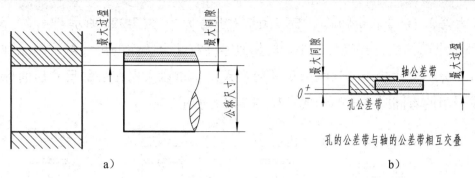

图 7-29　过渡配合

改变另一零件的基本偏差以达到不同的配合要求，即为配合制。国家标准规定了两种配合制。

（1）基孔制配合　孔的基本偏差为零的配合，即其下极限偏差等于零。基孔制配合是孔的下极限尺寸与公称尺寸相同的配合制。所要求的间隙或过盈，由不同公差带代号的轴与一基本偏差为零的基准孔相配合得到，如图 7-30 所示。在基孔制配合中选作基准的孔，称为基准孔（其特点是：基本偏差为 H，下极限偏差为 0）。由于轴比孔易于加工，所以应优先选用基孔制配合。

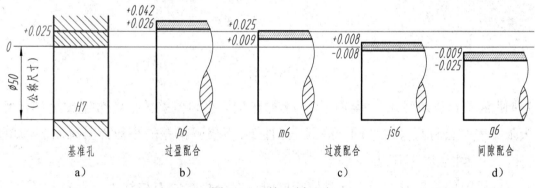

图 7-30　基孔制配合

（2）基轴制配合　轴的基本偏差为零的配合，即其上极限偏差等于零。基轴制配合是轴的上极限尺寸与公称尺寸相同的配合制。所要求的间隙或过盈，由不同公差带代号的孔与一基本偏差为零的基准轴相配合得到，如图 7-31 所示。在基轴制配合中选作基准的轴，称为基准轴（其特点是：基本偏差为 h，上极限偏差为 0）。

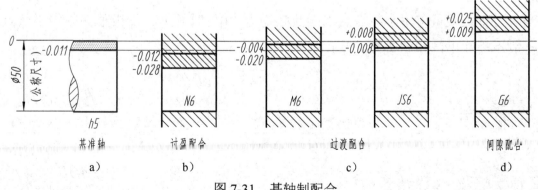

图 7-31　基轴制配合

5．极限与配合的标注

（1）装配图中的注法　在装配图中，极限与配合一般采用代号的形式标注。分子表示孔的公差带代号（大写），分母表示轴的公差带代号（小写），如图 7-32a 所示。

（2）零件图中的注法 在零件图中，与其他零件有配合关系的尺寸可采用三种形式进行标注。一般采用在公称尺寸后面标注极限偏差的形式；也可以采用在公称尺寸后面标注公差带代号的形式；或采用两者同时注出的形式，如图 7-32b 所示。

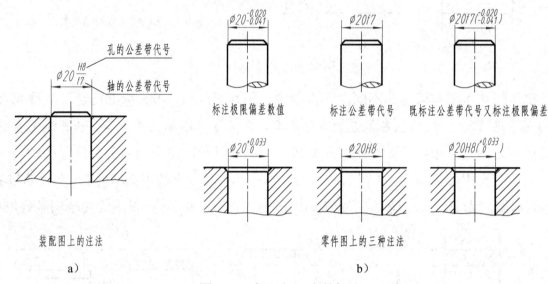

图 7-32 极限与配合的标注

（3）极限偏差数值的写法 标注极限偏差数值时，极限偏差数值的数字比公称尺寸数字小一号，下极限偏差与公称尺寸注在同一底线上，且上、下极限偏差的小数点必须对齐，如图 7-32b 所示。同时，还应注意以下几点：

1）上、下极限偏差符号相反，绝对值相同时，在公称尺寸右边注"±"号，且只写出一个极限偏差数值，其字体大小与公称尺寸相同，如图 7-33a 所示。

2）当某一极限偏差（上极限偏差或下极限偏差）为"0"时，必须标注"0"。数字"0"应与另一极限偏差的个位数对齐注出，如图 7-33b 所示。

3）上、下极限偏差中的某一项末端数字为"0"时，为了使上、下极限偏差的位数相同，用"0"补齐，如图 7-33c 所示。

4）当上、下极限偏差中小数点后末端数字均为"0"时，上、下极限偏差中小数点后末位的"0"一般不需注出，如图 7-33d 所示。

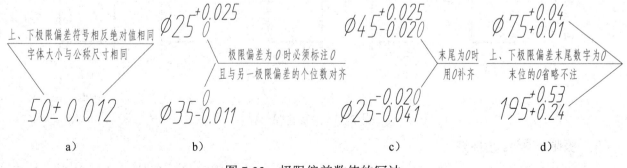

图 7-33 极限偏差数值的写法

6．极限与配合应用举例

由图 7-32 中可以看出，极限与配合代号一般用基本偏差代号（拉丁字母）和标准公差等级（阿拉伯数字）组合来表示。通过查阅国家标准（表 C-1～表 C-5）可获得极限偏差的数值。

查表时，首先要查阅"优先选用的轴（孔）的公差带"（表 C-4、表 C-5），直接获得极限偏差数值。若表中没有，再通过查阅"标准公差数值"（表 C-1）和"轴（孔）的基本偏差数值"（表 C-2、表 C-3）两个表，通过计算获得。

通过以下例题中"含义"的解释，可了解极限与配合代号的识读方法。

【例 7-5】 试解释 ϕ35H7 的含义，直接查表确定其极限偏差数值。

解 ① 其公差代号的含义为：公称尺寸为 ϕ35、公差等级为 IT7 的基准孔。

② 查表 C-5（优先选用的孔的公差带）：查竖列 H→7、横排 30 至 40 的交点，得到其下极限偏差为 0（基准孔的下极限偏差为 0）、上极限偏差为+25μm（+0.025mm）。写作 $\phi35^{+0.025}_{0}$。

【例 7-6】 试解释 ϕ50f7 的含义，直接查表确定其极限偏差数值。

解 ① 公差代号的含义为：公称尺寸为 ϕ50、基本偏差为 f、公差等级为 IT7 的轴。

② 查表 C-4（优先选用的轴的公差带）：查竖列 f→7、横排 40 至 50 的交点，得到其上极限偏差为-25μm，下极限偏差为-50μm（-0.050mm）。写作 $\phi50^{-0.025}_{-0.050}$。

【例 7-7】 试解释 ϕ30g7 的含义，查表并计算其极限偏差数值。

解 ① 公差代号的含义为：公称尺寸为 ϕ30、基本偏差为 g、公差等级为 IT7 的轴。

② 查表 C-1：查竖列 IT7、横排 18 至 30 的交点，得到其标准公差为+21μm（+0.021mm）。

③ 查表 C-2：查竖列"上极限偏差"→g、横排 24 至 30 的交点，得到上极限偏差为-7μm（-0.007mm）（因为 g 位于零线下方，所以其上、下极限偏差均为负值）。

④ 计算其下极限偏差。因为上极限偏差-下极限偏差=公差，所以下极限偏差=上极限偏差-公差，即下极限偏差=（-0.007）mm-（+0.021）mm=-0.028mm。写作 $\phi30^{-0.007}_{-0.028}$。

【例 7-8】 试解释 ϕ55E8 的含义，查表并计算其极限偏差数值。

解 ① 公差代号的含义为：公称尺寸为 ϕ55、基本偏差为 E、公差等级为 IT8 的孔。

② 查表 C-1：查竖列 IT8、横排 50～80 的交点，得到标准公差+46μm（+0.046mm）。

③ 查表 C-3：查竖列"下极限偏差"→E、横排 50～65 的交点，得到下极限偏差为+0.060mm（因为 E 位于零线上方，所以其上、下极限偏差均为正值）。

④ 计算其上极限偏差。因为上极限偏差-下极限偏差=公差，所以上极限偏差=公差+下极限偏差，即上极限偏差=+0.060mm+0.046mm=0.106mm。写作 $\phi55^{+0.106}_{+0.060}$。

【例 7-9】 试写出孔 ϕ25H7 与轴 ϕ25n6 的配合代号，并说明其含义。

解 ① 配合代号写作：$\phi25\dfrac{H7}{n6}$。

② 配合代号的含义为：公称尺寸为 ϕ25、公差等级为 IT7 的基准孔，与相同公称尺寸、基本偏差为 n、公差等级为 IT6 的轴，所组成的基孔制、过渡配合。

【例 7-10】 试写出孔 ϕ40G6 与轴 ϕ40h5 的配合代号，并说明其含义。

解 ① 配合代号写作： $\phi 40 \dfrac{G6}{h5}$。

② 其配合代号的含义为：公称尺寸为 $\phi 40$、公差等级为 IT5 的基准轴，与相同公称尺寸、基本偏差为 G、公差等级为 IT6 的孔，所组成的基轴制、间隙配合。

> **提示：** ① 上述题解中"……的含义为："后边的话是极限与配合代号的正确读法，应熟记在心。
> ② 在查表、分析过程中，要经常借助于图 7-26 帮助判断。

第五节　零件上常见的工艺结构

零件的结构形状，是由它在机器中的作用来决定的。除了满足设计要求外，还要考虑零件在加工、测量、装配过程中的一系列工艺要求，使零件具有合理的工艺结构。下面介绍一些零件上常见的工艺结构。

一、铸造工艺结构

1. 起模斜度和铸造圆角

在铸造零件毛坯时，为了便于在砂型中取出木模，一般沿着起模方向设计出起模斜度（通常为 1：20，约 3°），如图 7-34a、b 所示。铸造零件的起模斜度在图中可不画出、不标注。必要时，可在技术要求中用文字说明，如图 7-34c 所示。

为便于铸件造型时起模，防止铁液冲坏转角处，冷却时产生缩孔和裂缝，将铸件的转角处制成圆角，此种圆角称为铸造圆角，如图 7-34b 所示。圆角尺寸通常较小，一般为 R2～R5，在零件图上可省略不画。圆角尺寸常在技术要求中统一说明，如"全部圆角 R3"或"未注圆角 R4"等，而不必一一在图样中注出，如图 7-34c 所示。

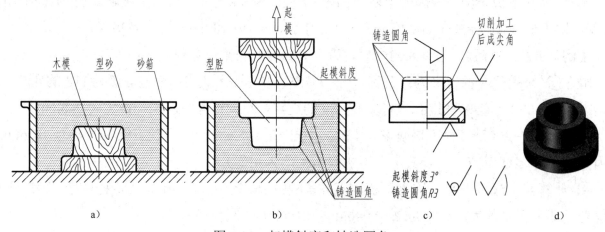

图 7-34　起模斜度和铸造圆角

2. 过渡线

由于铸件表面的转角处有圆角，因此其表面产生的交线不清晰。为了看图时便于区分不同的表面，在图中仍然画出理论上的交线，但两端不与轮廓线接触，此线称为过渡线。过渡线用细实线绘制。图 7-35 所示为两圆柱面相交的过渡线画法。

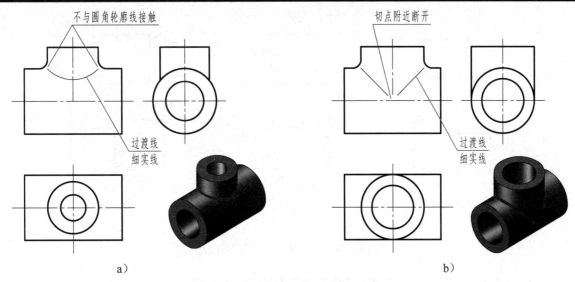

图 7-35 圆柱面相交的过渡线

二、机械加工工艺结构

1．退刀槽和砂轮越程槽

在车削螺纹和磨削轴表面时，为便于退出刀具或使砂轮可以稍越过加工面，常在待加工面的末端预先制出退刀槽或砂轮越程槽。退刀槽或砂轮越程槽的尺寸可按"槽宽×槽深"的形式标注，如图 7-36a、c 所示。退刀槽也可按"槽宽×直径"的形式标注，如图 7-36b 所示。

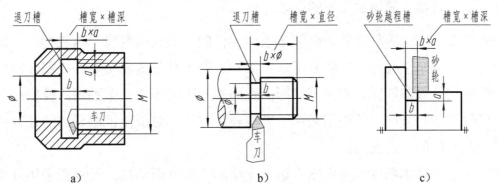

图 7-36 退刀槽和砂轮越程槽的注法

2．倒角和倒圆

为便于安装和安全，轴或孔的端部，一般都加工成倒角。45°倒角的注法如图 7-37a 所示，非 45°倒角的注法如图 7-37b 所示；为避免应力集中产生裂纹，在轴肩处往往加工成圆角过渡，称为倒圆。倒圆的注法如图 7-37c 所示。

第六节　读零件图

在生产实践中经常需要读零件图。读零件图，一方面要看懂视图，想象出零件的结构形状；另一方面还要读懂尺寸和技术要求等内容，以便在制造零件时能正确地采用相应的加工方法，达到图样上的设计要求。

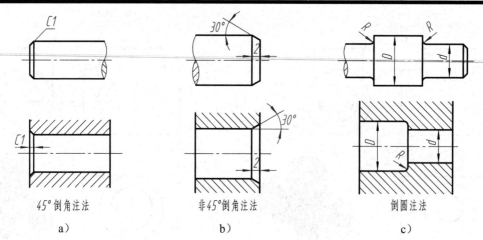

a)　　　　　　　　　　　b)　　　　　　　　　　　c)

图 7-37　倒角与倒圆的注法

下面以图 7-38 所示零件图为例，说明读图的一般方法和步骤。

一、概括了解

读零件图时首先从标题栏了解零件的名称、材料、质量、比例等，并粗看视图，大致了解零件的结构特点和大小。

图 7-38 所示零件的名称为支架，是用来支承滚动轴承和轴的，材料为灰铸铁，绘图比例为 1∶2。

二、分析表达方案，搞清视图间的关系

要读懂零件图，想出零件形状，必须把表达零件的一组视图看懂。这包括：一组视图中选用了几个视图？哪个是主视图？哪些是基本视图？哪些不是基本视图？各视图之间的投影关系如何？对于常采用的局部视图、斜视图、断面及局部放大图等非基本视图，要根据其标注找出它们的表达部位和投射方向。各视图采用了哪些表达方法？对于剖视图要搞清楚其剖切位置、剖切面形式和剖开后的投射方向。

支架采用了三个基本视图。主视图表达了支架的主要外形结构；左视图采用几个平行平面剖切的全剖视，以反映支架圆筒部分和底板上开口槽的内部结构，同时采用移出断面，表达三角形肋板的断面形状；俯视图表达了底板形状，为了同时反映出支承肋板的断面形状，采用了 B—B 剖视。除基本视图外，还选用了 C 向局部视图表达顶部凸台的形状。

三、分析形体，想象零件形状

在看懂视图关系的基础上，运用形体分析法分析零件的结构形状。

通过对支架的形体分析，可把它分为工作部分（上部圆筒）、支持部分（下部底板）、连接部分（中间支承肋板）三部分。对这三部分的具体形状和相对位置进行深入分析，最后可想象出支架的立体形状，如图 7-39 所示。

四、分析尺寸和技术要求

分析尺寸时，先分析零件长、宽、高三个方向上尺寸的主要基准。然后从基准出发，找出

各组成部分的定位尺寸和定形尺寸，搞清哪些是主要尺寸。

从图 7-38 可以看出，其长度方向以对称面为尺寸基准，宽度方向以圆筒后端面为尺寸基准，高度方向以底板底面为主要尺寸基准。而中间的三角形肋板，高度方向的定位尺寸是从轴承孔轴线出发标注的，所以轴承孔轴线是高度方向上的辅助尺寸基准。支架的中心高 170±0.1 是影响工作性能的定位尺寸，轴承孔径 ϕ72H8 是配合尺寸，它们是支架的主要尺寸。各组成部分的定形、定位尺寸可自行分析。

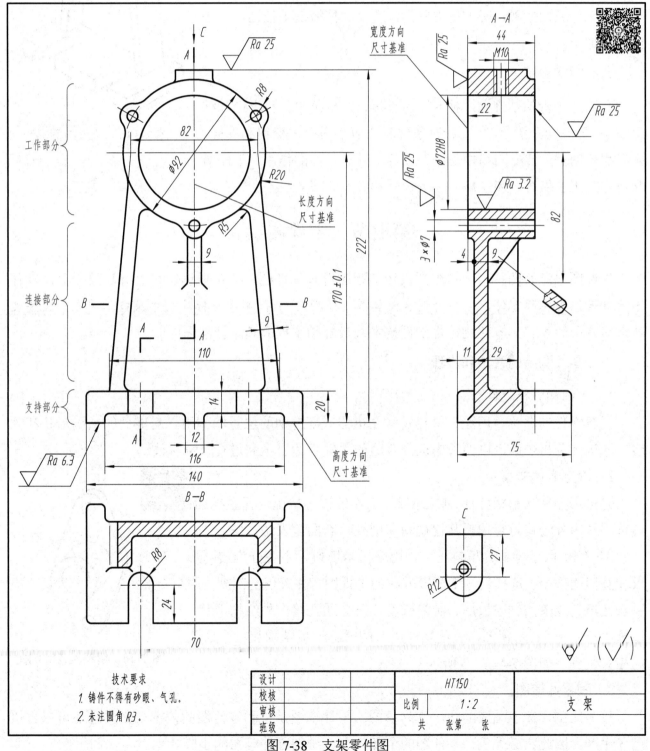

图 7-38　支架零件图

对零件图上标注的各项技术要求，如表面粗糙度、极限偏差、热处理等要逐项识读。例如支架的轴承孔径 $\phi72H8$ 和中心高 170 ±0.1 注出了极限偏差。从所注表面粗糙度可看出，轴承孔和底面要求较高，属重要配合面、装配面，其表面粗糙度 Ra 的上限值分别为 $3.2\mu m$ 和 $6.3\mu m$；而前、后端面，顶部凸台面及 $3\times\phi7$ 孔为一般加工面，其表面粗糙度 Ra 的上限值为 $25\mu m$；其余表面由于不与其他零件表面接触，属于自由表面，所以保持铸造毛坯面，未进行切削加工。

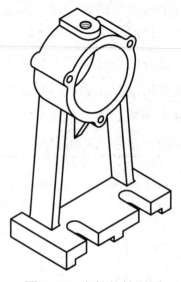

五、归纳总结

在以上分析的基础上，对零件的形状、大小和加工要求进行综合归纳，形成一个清晰的认识。有条件时还应参考有关资料和图样，如产品说明书、装配图和相关零件图等，以对零件的作用、工作情况及加工工艺做进一步了解。

图 7-39 支架的轴测图

第七节 零件测绘

零件图来源有两种，一是根据设计装配图拆画零件图，二是根据实物进行测绘得到。零件测绘就是依据实际零件，徒手绘制零件草图（目测比例），测量并标注尺寸及技术要求，经整理画出零件图的过程。零件测绘是工程技术人员必须掌握的基本技能之一。

一、零件测绘的方法和步骤

1．了解和分析零件

了解零件的名称、用途、材料及其在机器或部件中的位置和作用。对零件的结构形状和制造方法进行分析了解，以便考虑选择合适的零件表达方案和进行尺寸标注。

2．确定表达方案

先根据零件的形状特征、加工位置、工作位置等情况选择主视图；再按零件内外结构特点选择其他视图和剖视、断面等表达方法。

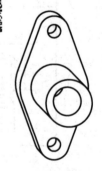

图 7-40 所示零件为填料压盖，用来压紧填料，主要分为腰圆形板和圆筒两部分。选择其加工位置方向为主视图，并采用全剖视，用以表达填料压盖的轴向板厚、圆筒长度、三个通孔等内外结构形状。选择"K"向（右）视图，表达填料压盖的腰圆形板结构和三个通孔的相对位置，如图 7-41a、b 所示。

图 7-40 填料压盖轴测图

3．画零件草图

目测比例，徒手画成的图，称为草图。零件草图是绘制零件图的依据，必要时还可以直接指导生产，因此它必须包括零件图的全部内容。绘制零件草图的步骤如下：

1）布置视图，画出主、"K"向（右）视图的定位线，如图 7-41a 所示。

2）目测比例，徒手画出（全剖的）主视图和"K"向视图，如图 7-41b 所示。

3）画剖面线；选定尺寸基准，画出全部尺寸界线、尺寸线和箭头，如图 7-41c 所示。

4）测量并填写全部尺寸，标注各表面的表面粗糙度代号、确定尺寸公差；填写技术要求和标题栏，如图 7-41d 所示。

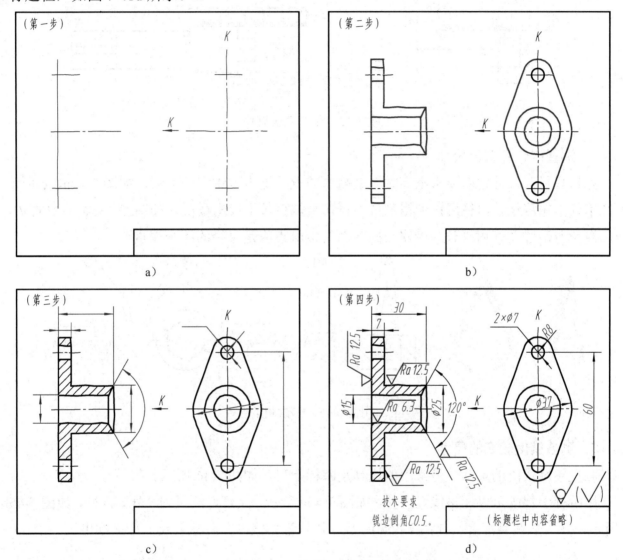

图 7-41 绘制零件草图的步骤

4. 画零件图

对画好的零件草图进行复核，再根据草图绘制完成填料压盖的零件图。

二、零件尺寸的测量方法

测量尺寸是测绘过程中的一个重要步骤，零件上全部尺寸的测量应集中进行，这样可以提高效率，避免错误和遗漏。

1. 测量线性尺寸

金属直尺是最常用的一种量具，如图 7-42a 所示。线性尺寸一般可直接用金属直尺测量，如图 7-42b 所示。必要时，也可以用三角板配合测量，如图 7-42c 中的 L_1、L_2。

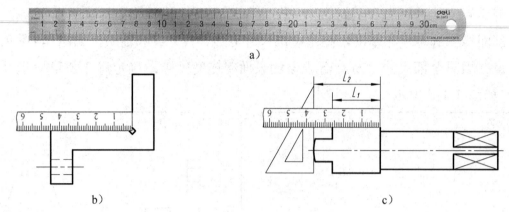

a)

图 7-42　测量直线尺寸

2．测量内、外直径尺寸

测量直径（尺寸精度要求不高时）最简单的量具是内卡钳和外卡钳，如图 7-43a、b 所示。外径用外卡钳测量，内径用内卡钳测量，再在金属直尺上读出数值，如图 7-43c、d 中的 D_1、D_2。测量时应注意，内（外）卡钳与回转面的接触点应是直径的两个端点。

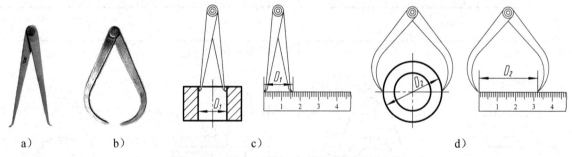

图 7-43　用内（外）卡钳测量直径尺寸

3．测量精度较高的尺寸

测量精度较高的尺寸，最常用的量具是游标卡尺，如图 7-44 所示。

用游标卡尺既可以测量线性尺寸，如图 7-45a 所示，又可以测量内（外）直径，如图 7-45b、c 所示，还可以测量深度，如图 7-45d 所示，其测量数值可在游标卡尺上直接读出。

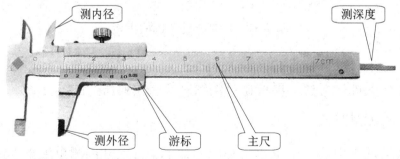

图 7-44　游标卡尺

4．测量壁厚

在无法直接测量箱体壁厚时，可把外卡钳和金属直尺合并使用，将测量分两次完成。如

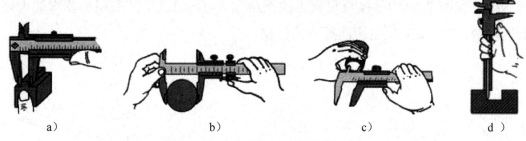

图 7-45　用游标卡尺测量尺寸

图 7-46a 所示，先用外卡钳和金属直尺合并测得 B 和 A，再用金属直尺测量外卡钳开度 A，如图 7-46b 所示，计算得出箱体侧壁厚 $X=A-B$。测量箱体底部壁厚时，用金属直尺测量两次，如图 7-46a 所示，计算得出箱体底部壁厚 $Y=C-D$。

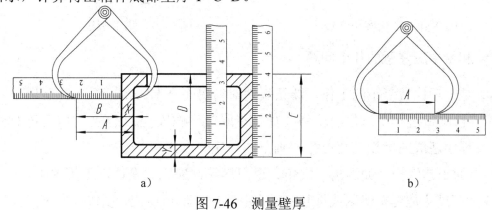

图 7-46　测量壁厚

5．测量中心距

测量中心高时，一般可用内卡钳配合金属直尺测量。图 7-47a 中孔的中心高 $H=A+\dfrac{d}{2}$；测量孔间距时，可用外（内）卡钳配合金属直尺测量。在两孔的直径相等时，其中心距：$L=K+d$，如图 7-47b 所示；在两孔的孔径不等时，其中心距：$L=K-\dfrac{D+d}{2}$，如图 7-47c 所示。

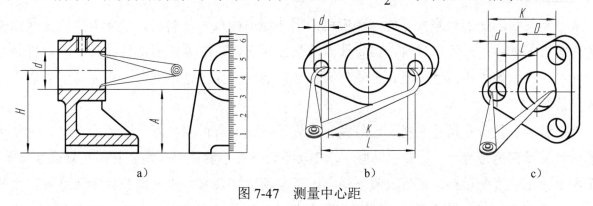

图 7-47　测量中心距

6．测量圆角

测量圆角半径时，一般采用半径样板（又称 R 规）。在半径样板中找到与被测部分完全吻合的一片，从该片上的数值可知圆角半径的大小，如图 7-48 所示。

7．测量螺纹

测量螺纹时，用游标卡尺测量大径，用螺纹规直接测得螺距；或用金属直尺量取几个螺距

169

后，取其平均值。如图7-49中金属直尺测得的螺距为$P=L/6=1.75$，然后根据测得的大径和螺距，对照相应的螺纹标准，最后确定所测螺纹的规格。

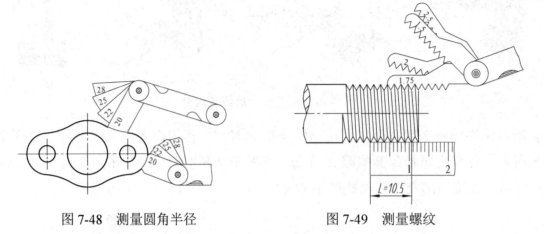

图7-48　测量圆角半径　　　　　　　　　图7-49　测量螺纹

三、零件测绘中应注意的几个问题

零件测绘是一项比较复杂的工作，要认真地对待每个环节，测绘时应注意以下几点：

1）对于零件制造过程中产生的缺陷（如铸造时产生的缩孔、裂纹，以及该对称的不对称等）和使用过程中造成的磨损、变形等，画草图时应予以纠正。

2）零件上的工艺结构，如倒角、圆角、退刀槽等，应完整表达，不可忽略。

3）严格检查尺寸是否有遗漏或重复，相关零件尺寸是否协调，以保证顺利绘制零件图、装配图。

4）对于零件上的标准结构要素，如螺纹、键槽、轮齿等尺寸，以及与标准件配合或相关联结构（如轴承孔、螺栓孔、销孔等）的尺寸，应把测量结果与标准进行核对，圆整成标准数值。

素养提升

第七章的内容是前六章内容的综合应用。零件图中的尺寸是制造、检验零件的重要依据，不允许有任何差错。人可以犯错，因为改了还是好同志，但在零件图上标注尺寸不能出错，加工零件时，读取图中的尺寸不允许出错！为什么？因为一旦出错，就会产生废品，造成不可挽回的经济损失。

工匠精神的核心是精益求精。已经做得很好了，还要求做到更好。作为职业学校的学生，在学习机械制图的过程中，要勤于动脑、乐于动手，只有手脑并用，才能收到良好的学习效果。除了在课堂上认真听讲外，课下必须勤动手，反复操练。只有完成一定量的作业练习，才能掌握画图和看图的技巧。做练习时，切忌马马虎虎、应付差事，要逐步养成认真负责的工作态度和一丝不苟的工作作风，为传承工匠精神打下初步基础。

建议同学们：打开百度App，搜索央视综合频道《大国重器》，选看第三集。

第八章 装 配 图

如图 8-1a 所示，从事机械设计的工作人员，要将构思的新产品（齿轮泵）绘制成装配图，如图 8-1b 所示，并由装配图拆画零件图后进行机械加工；负责组装的工人师傅们，则要根据装配图对齿轮泵进行装配与调试，使其成为一件产品。工程技术人员在技术改造、维修等过程中，都需要装配图。由此可见，装配图也是工厂里必不可少的技术文件。

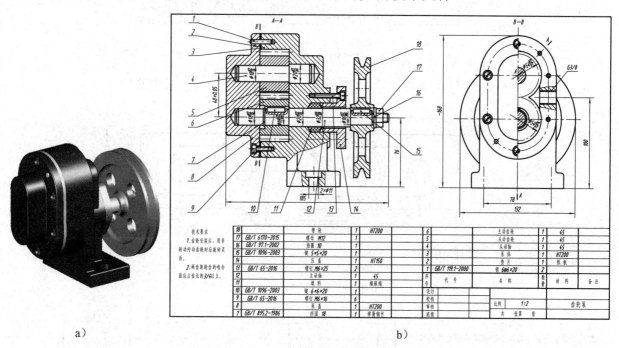

图 8-1 齿轮泵及其装配图

第一节 装配图的表达方法

一、装配图的作用和内容

装配图是表示产品及其组成部分的联接、装配关系及其技术要求的图样。它主要反映机器（或部件）的工作原理、各零件之间的装配关系、传动路线和主要零件的结构形状，是设计和绘制零件图的主要依据，也是装配生产过程中调试、安装、维修的主要技术文件。

图 8-2 是滑动轴承的装配图，从图中可以看出，一张完整的装配图应具备以下内容：

（1）一组视图　用来表达机器的工作原理、装配关系、传动路线，以及各零件的相对位置、联接方式和主要零件的结构形状等。

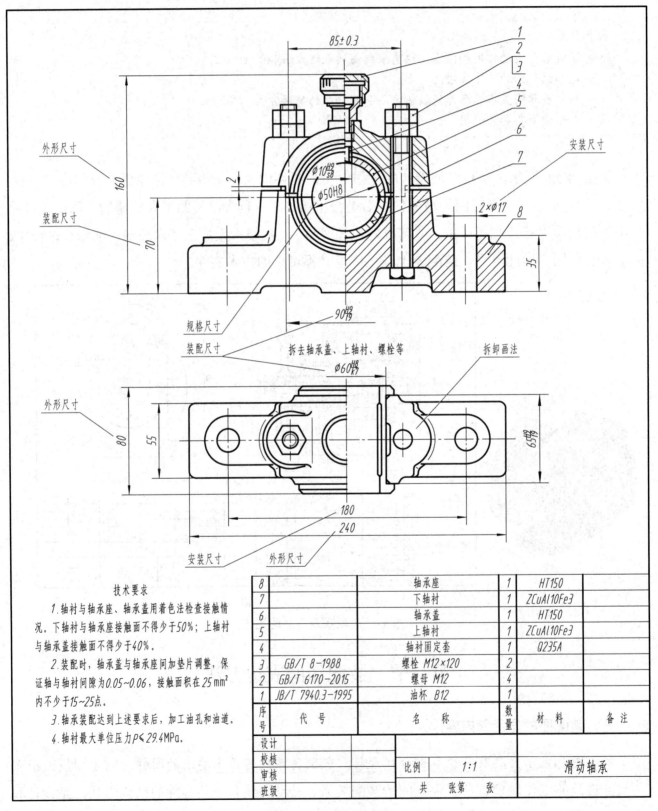

8		轴承座	1	HT150	
7		下轴衬	1	ZCuAl10Fe3	
6		轴承盖	1	HT150	
5		上轴衬	1	ZCuAl10Fe3	
4		轴衬固定套	1	Q235A	
3	GB/T 8-1988	螺栓 M12×120	2		
2	GB/T 6170-2015	螺母 M12	4		
1	JB/T 7940.3-1995	油杯 B12	1		
序号	代　号	名　　称	数量	材　料	备　注
设计					
校核		比例	1:1		滑动轴承
审核					
班级		共　张第　张			

技术要求

1. 轴衬与轴承座、轴承盖用着色法检查接触情况。下轴衬与轴承座接触面不得少于50%；上轴衬与轴承盖接触面不得少于40%。

2. 装配时，轴承盖与轴承座间加垫片调整，保证轴与轴衬间隙为0.05~0.06，接触面积在25 mm² 内不少于15~25点。

3. 轴承装配达到上述要求后，加工油孔和油道。

4. 轴衬最大单位压力 $P \leqslant 29.4$ MPa。

图 8-2　滑动轴承装配图

（2）必要的尺寸　装配图中只需标注表达机器（或部件）规格、性能、外形的尺寸，以及装配和安装时所必需的尺寸。

（3）技术要求　用文字说明机器（或部件）在装配、调试、安装和使用过程中的技术要求。

（4）零件序号和明细栏　为了便于生产管理和看图，装配图中必须对每种零件进行编号，并在标题栏上方绘制明细栏，明细栏中要按编号填写零件的名称、材料、数量，以及标准件的规格尺寸等。

（5）标题栏　装配图标题栏包括机器（或部件）名称、图号、比例，以及图样责任者的签名等内容。

二、装配图的规定画法

装配图的表达方法和零件图基本相同，零件图中所应用的各种表达方法，装配图同样适用。此外，根据装配图的特点，还制定了一些规定画法和特殊表达方法。

1. 相邻两零件的画法

相邻两零件的接触面和配合面，只画一条轮廓线。当相邻两零件有关部分的基本尺寸不同时，即使间隙很小，也要画出两条线。

如图 8-3 所示，滚动轴承与轴和机座上的孔均为配合面，滚动轴承与轴肩为接触面，只画一条线；轴与填料压盖的孔之间为非接触面，必须画两条线。

2. 装配图中剖面线的画法

同一零件在不同的视图中，剖面线的方向和间隔应保持一致；相邻两零件的剖面线，应有明显区别，即倾斜方向相反或间隔不等，以便在装配图中区分不同的零件。如图 8-3 所示，机座与端盖的剖面线倾斜方向相反。

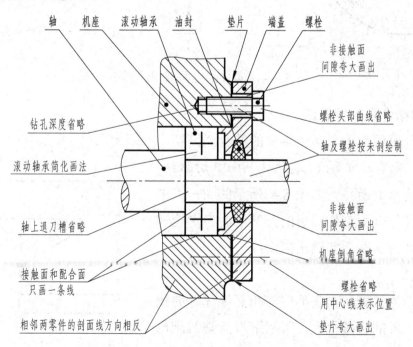

图 8-3　装配图的规定画法和简化画法

3. 螺纹紧固件及实心件的画法

螺纹紧固件及实心的轴、手柄、键、销、连杆、球等零件，若按纵向剖切，即剖切平面通过其轴线或基本对称面时，这些零件均按未剖绘制，如图 8-3 所示的螺栓和轴；若剖切平面垂直于轴线或基本对称面剖切，则应按剖开绘制，如图 8-4 所示 A—A 剖视中的螺栓剖面按剖开绘制。

三、装配图的特殊表达方法和简化画法

1. 拆卸画法

在装配图的某一视图中，当某些零件遮住了需要表达的结构，或者为避免重复，简化作图，可假想将某些零件拆去后绘制，这种表达方法称为拆卸画法。

采用拆卸画法后，为避免误解，在该视图上方加注"拆去件××"。拆卸关系明显，不至于引起误解时，也可不加标注。如图 8-2 所示俯视图中的右半部是拆去轴承盖、螺母、螺栓等零件绘制的，在俯视图的上方标注"拆去轴承盖、上轴衬、螺栓等"。

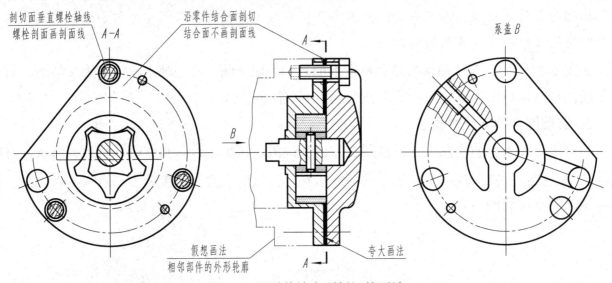

图 8-4　沿零件结合面剖切的画法

2. 沿零件的结合面剖切画法

在装配图中，可假想沿着两个零件的结合面剖切，这时，零件的结合面不画剖面线，其他被横向剖切的轴、螺钉及销的断面要画剖面线。如图 8-4 所示的 A—A 剖视即是沿两个零件结合面剖切画出的，剖切面将螺栓和心轴横向切断，此时其断面要画出剖面线。

3. 假想画法

在装配图中，为了表示本零部件与相邻零部件的相互关系，或运动零件的极限位置，可用细双点画线画出相邻零部件的外形轮廓或运动零件的极限位置。如图8-4

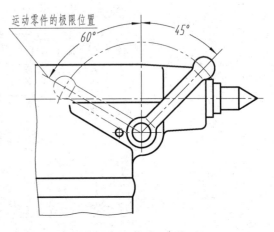

图 8-5　假想画法

174

中的主视图所示，用细双点画线表示其相邻部件的局部外形轮廓；如图 8-5 所示，用细双点画线表示手柄的另一极限位置。

4．夸大画法

在装配图中，对一些薄、细、小零件或间隙，若无法按其实际尺寸画出时，可不按比例而适当夸大画出。厚度或直径小于 2mm 的薄、细零件，其剖面符号可涂黑表示，如图 8-3、图 8-4 中垫片的画法。

5．简化画法

1）在装配图中，对于若干相同的零件或零件组，如螺栓联接等，可仅详细地画出一处，其余只需用细点画线表示出其位置，如图 8-3 中的螺栓画法。

2）在装配图中，零件上的工艺结构（如倒角、小圆角、退刀槽等）可省略不画。六角螺栓头部及螺母的倒角曲线也可省略不画，如图 8-2、图 8-3 中螺栓头部及螺母的画法。

3）在装配图中，剖切平面通过某些标准产品组合件（如油杯、油标、管接头等）轴线时，可以只画外形。对于标准件（如滚动轴承、螺栓、螺母等）可采用简化画法或示意画法，如图 8-3 中滚动轴承的画法。

第二节 装配图的尺寸标注、技术要求及零件编号

一、装配图的尺寸标注

装配图和零件图在生产中的作用不同，因此，在图上标注尺寸的要求也不同。在装配图中需注出一些必要的尺寸，这些尺寸按作用不同，可分为以下几类（图 8-2）：

（1）性能（规格）尺寸　表示该机器的性能（规格）尺寸，它是设计产品时的主要依据。如滑动轴承的轴孔直径 $\phi50H8$。

（2）装配尺寸　保证机器中各零件装配关系的尺寸。装配尺寸包括配合尺寸和主要零件相对位置尺寸。如轴承座与下轴衬间的 $\phi60H8/k7$、轴承座与轴承盖间的 90H9/f9 和中心高 70。

（3）安装尺寸　安装机器和部件时所需的尺寸。如轴承座安装孔的直径 $2\times\phi17$ 和两孔中心距 180。

（4）外形尺寸　表示机器或部件外形轮廓的尺寸。如总长 240、总宽 80 和总高 160。根据外形尺寸，可考虑机器或部件在包装、运输、安装时所占的空间。

（5）其他重要尺寸　根据装配体特点必须标注的尺寸。如重要的配合尺寸 $\phi10H9/s8$、65H9/f9，重要零件间的定位尺寸 85 ± 0.3，主要零件的尺寸 55 等。

装配图上的尺寸要根据情况具体分析，上述五类尺寸并不是每一张装配图都必须标注的，有时同一尺寸兼有多种含义。

二、装配图的技术要求

用文字或符号在装配图上说明对机器或部件的装配、检验要求和使用方法等。装配图上的

技术要求，一般包括以下几方面内容：

1）对机器或部件在装配、调试和检验时的具体要求。

2）关于机器性能指标方面的要求。

3）有关机器安装、运输及使用方面的要求。

技术要求一般写在明细栏上方或图样左下方的空白处。

三、装配图的零件序号和明细栏

为了便于看图和管理图样，装配图中必须对每种零件进行编号，并根据零件编号绘制相应的明细栏。

1）装配图中的所有零件，均应按顺序编写序号，相同零件只编一个序号，一般只注一次。

2）零件序号应标注在视图周围，按水平或竖直方向排列整齐。应按顺时针方向或逆时针方向排列，如图 8-2 所示。

3）零件序号应填写在指引线一端的横线上（或圆圈内），指引线的另一端应自所指零件的可见轮廓内引出，并在末端画一圆点；当所指部分内不宜画圆点（零件很薄或涂黑的剖面）时，可在指引线一端画箭头指向该部分的轮廓，如图 8-6a 所示。

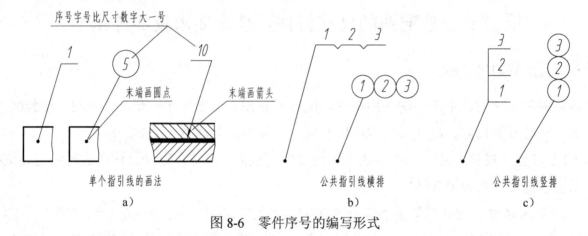

图 8-6　零件序号的编写形式

4）序号的字号应比图中尺寸数字大一号或大两号，如图 8-2 所示。

5）一组紧固件或装配关系明显的零件组，可采用公共指引线，如图 8-6b、c 所示。

6）零件的明细栏应画在标题栏上方，当标题栏上方位置不够时，可在标题栏左边继续列表。明细栏的格式画法、内容如图 1-7 所示。

第三节　装配结构简介

在设计和绘制装配图的过程中，应考虑装配结构的合理性，以保证机器或部件的性能要求，并给零件的加工和装拆带来方便。

一、接触面的数量

为了避免装配时不同的表面互相发生干涉，两零件之间在同一个方向上，一般只宜有一对接触面，否则会给加工和装配带来困难，如图 8-7a、c 所示。图 8-7b、d 所示结构是错误的。

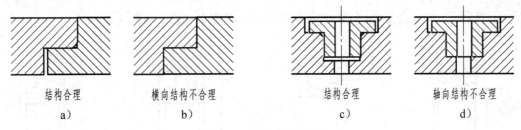

结构合理　　　　横向结构不合理　　　　结构合理　　　　轴向结构不合理
　　a)　　　　　　　　b)　　　　　　　　c)　　　　　　　　d)

图 8-7　接触面的结构

二、轴与孔的配合

轴与孔配合且轴肩与端面相互接触时，在两接触面的交角处（孔或轴的根部）应加工出退刀槽、倒角或不同大小的倒圆，以保证两个方向的接触面均接触良好，从而保证装配精度，如图 8-8a、b 所示。图 8-8c 所示的结构是错误的。

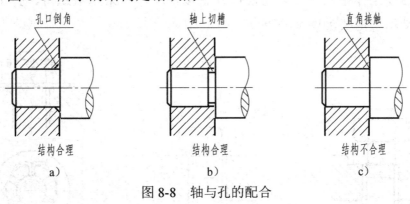

孔口倒角　　　　　　轴上切槽　　　　　　直角接触

结构合理　　　　　　结构合理　　　　　　结构不合理
　　a)　　　　　　　　b)　　　　　　　　c)

图 8-8　轴与孔的配合

提示：在装配图中，退刀槽、倒角、倒圆等允许省略不画，而在零件图中则必须要画出来。

三、锥面的配合

由于锥面配合能同时确定轴向和径向的位置，因此当锥孔不通时，锥体顶部与锥孔底部之间必须留有间隙，否则得不到稳定的配合，如图 8-9a 所示。图 8-9b 所示结构是错误的。

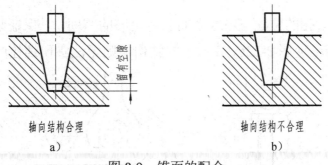

轴向结构合理　　　　　　　　轴向结构不合理
　　a)　　　　　　　　　　　　b)

图 8-9　锥面的配合

四、滚动轴承的轴向固定结构

为了防止滚动轴承产生轴向窜动，必须采用一定的结构来固定其内、外座圈。常用的轴向固定结构形式有轴肩、弹性挡圈、端盖凸缘、圆螺母和止退垫圈等，如图8-10a、c所示。若轴肩过大或轴孔直径较小，会给拆卸轴承带来困难，如图8-10b、d所示。

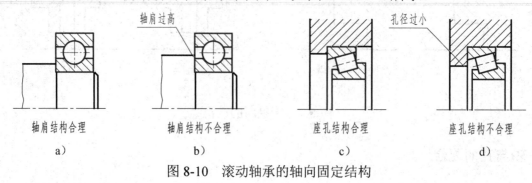

轴肩结构合理　　　　　　轴肩结构不合理　　　　　座孔结构合理　　　　　座孔结构不合理

a)　　　　　　　　　b)　　　　　　　　c)　　　　　　　　d)

图8-10　滚动轴承的轴向固定结构

五、螺纹联接防松结构

为了防止机器在工作中由于振动而使螺纹联接松动，常采用双螺母、弹簧垫圈、开口销等螺纹防松装置，其结构形式如图8-11所示。

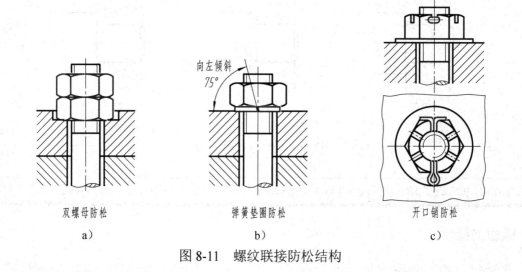

双螺母防松　　　　　　　弹簧垫圈防松　　　　　　　开口销防松

a)　　　　　　　　　　b)　　　　　　　　　　c)

图8-11　螺纹联接防松结构

六、螺栓联接结构

当使用螺栓联接时，孔的位置与箱壁之间应有足够的空间，以保证装配的可能和方便拆卸，如图8-12a、c所示。若出现图8-12b、d所示的结构，则无法实现螺栓的联接与拆卸。

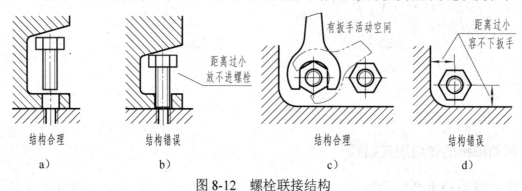

结构合理　　　　　　结构错误　　　　　　　结构合理　　　　　　　结构错误

a)　　　　　　　　b)　　　　　　　　c)　　　　　　　　d)

图8-12　螺栓联接结构

第四节　读装配图

在机器或部件的设计、装配、检验和维修工作中，在进行技术交流的过程中，都需要读装配图。因此，熟练地识读装配图，是每个工程技术人员必须具备的基本技能之一。通过读装配图要了解以下内容：

1）了解机器或部件的性能、用途和工作原理。

2）了解各零件间的装配关系及拆卸顺序。

3）了解各零件的主要结构形状和作用。

以图 8-13 为例，说明读装配图的方法和步骤。

一、概括了解

从标题栏中了解装配体（机器或部件）的名称、绘图比例等；按图上零件序号对照明细栏，了解装配体中零件的名称、数量、材料，找出标准件；粗看视图，大致了解装配体的结构形状及大小。

图 8-13 所示装配体为齿轮泵，是一种供油装置。齿轮泵共有十四种零件，其中有六种标准件，主要零件有泵体、泵盖、主动齿轮轴、从动齿轮等。绘图比例为 1∶1。

二、分析视图

了解装配图的表达方案，分析采用了哪些视图，搞清各视图之间的投影关系及所用的表达方法，并弄清其表达的目的。

齿轮泵选用了主、俯、左三个基本视图。主视图按装配体的工作位置、采用局部剖视的方法，将大部分零件间的装配关系表达清楚，并表示了主要零件泵体的结构形状。左视图采用沿结合面剖切画法（拆去泵盖 11），将齿轮啮合情况与进、出油口的关系表达清楚，主要反映齿轮泵的工作原理，及主要零件的结构形状。俯视图采用通过齿轮轴线剖切的 A—A 全剖，其表达重点是齿轮、齿轮轴与泵体、泵盖的装配关系，以及底板的形状与安装孔的分布情况。

把齿轮泵中每个零件的结构形状都看清楚之后，将各个零件联系起来，便可想象出齿轮泵的完整形状，如图 8-14 所示。

三、分析工作原理与装配关系

齿轮泵的工作原理，是通过齿轮在泵腔中啮合，将油从进油口吸入，从出油口压出。当主动齿轮轴 3 在外部动力驱动下转动时，带动从动齿轮 12 与小轴 13 一起顺向转动，如图 8-13 所示。泵腔下侧压力降低，油池中的油在大气压力作用下，沿进油口进入泵腔内，随着齿轮的旋转，齿槽中的油不断沿箭头方向被送到上边，从出油口输出，如图 8-15 所示。

分析装配体的装配关系，需搞清各零件间的位置关系、零件间的联接方式和配合关系，并分析出装配体的装拆顺序。

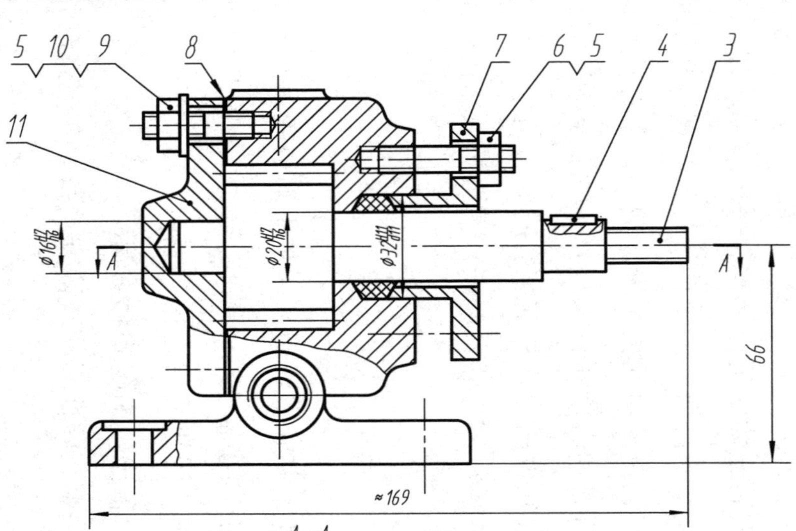

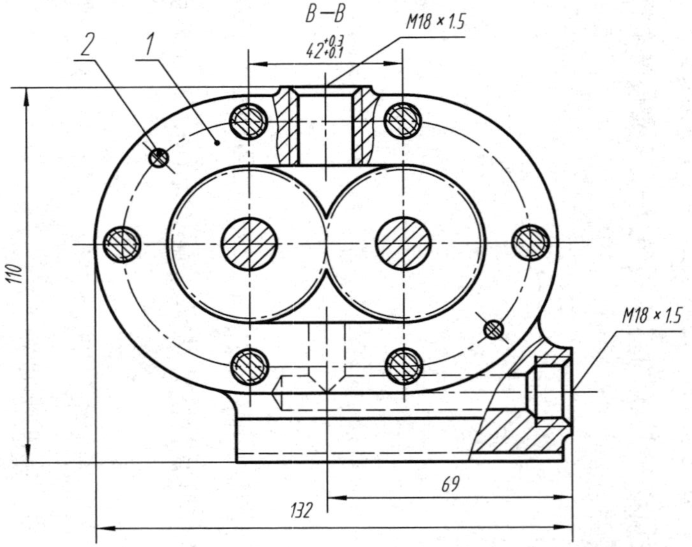

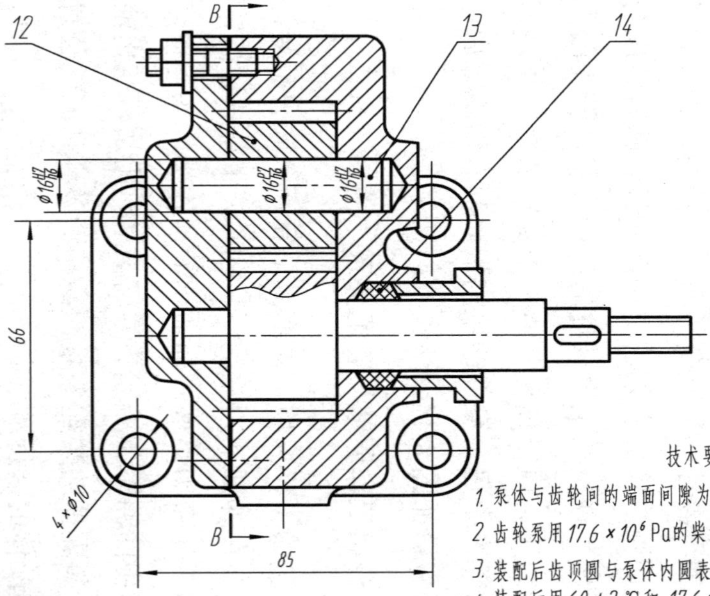

序号	代号	名称	数量	材料	备注
14		填料	1	浸油石棉	
13		小齿轮	1	45	m=3 z=14
12		从动齿轮	1	45	
11	GB/T 97.2-2002	泵盖	1	HT200	
10	GB/T 898-1988	垫圈 8	6		
9		螺柱 M8×32	6		
8		垫片	1	软钢纸板	
7	GB/T 898-1988	压盖	1	HT150	
6	GB/T 41-2016	螺柱 M8×40	2		
5	GB/T 1096-2003	螺母 M8	8		
4		键 5×5×10	1		
3		主动齿轮轴	1	45	m=3 z=14
2	GB/T 119.1-2000	销 6×20	2		
1		泵体	1	HT200	

比例 1:1　共 张 第 张　齿轮泵

技术要求

1. 泵体与齿轮间的端面间隙为 0.05~0.12 mm,间隙用垫片调节。
2. 齿轮泵用 17.6×10⁶ Pa 的柴油进行压力试验,不能有渗漏。
3. 装配后齿顶圆与泵体内圆表面间隙为 0.05~0.06 mm。
4. 装配后用 60±2 ℃ 和 17.6×10⁶ Pa 的柴油进行试验。当转速为 950 r/min 时,输油量不得小于 10 L/min。

图 8-13　齿轮泵装配图

180

如齿轮泵中，泵体、泵盖在外，齿轮轴在泵腔中；主动齿轮轴在前，从动齿轮与小轴以过盈配合连成一体在后；泵体与泵盖由两圆柱销定位并通过六个双头螺柱联接；填料压盖与泵体由两个螺柱联接；齿轮轴与泵体、泵盖间为基孔制间隙配合。

齿轮泵的拆卸顺序：松开左边螺母 5、垫圈 10，将泵盖卸下，从左边抽出主动齿轮轴 3、从动齿轮 12 与小轴 13，最后松开右边螺母 5，卸下填料压盖 7 和填料 14。

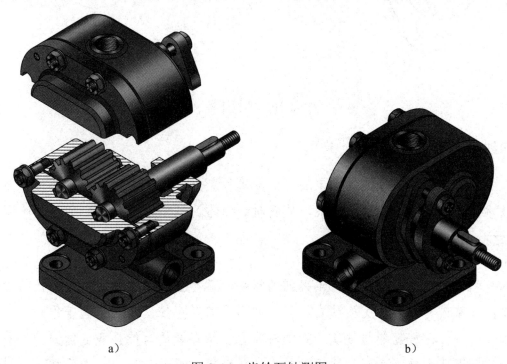

a)

b)

图 8-14 齿轮泵轴测图

四、分析零件

读装配图除弄清上述内容外，还应对照明细栏和零件序号，逐一看懂各零件的结构形状以及它们在装配体中的作用。对于比较熟悉的标准件、常用件及一些较简单的零件，可先将它们看懂，并将它们逐一"分离"出去，为看较复杂的一般零件提供方便。

分析一般零件的结构形状时，应从表达该零件最清楚的视图入手，根据零件序号和剖面线的方向及间隔、相关零件的配合尺寸、各视图之间的投影关系，将零件在各视图中的投影轮廓范围从装配图中分离出来，利用形体分析、线面分析的方法想清楚该零件的结构形状。

例如，图 8-13 所示齿轮泵中的压盖 7，作用是压紧填料，其形状在装配图上表达不完整，需进一步构思完

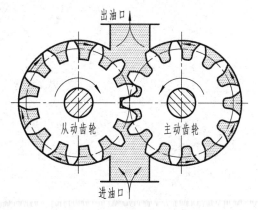

图 8-15 齿轮泵工作原理

善。从主视图上根据其序号和剖面线可将它从装配图中分离出来，再根据投影关系找到俯视图中的对应投影，就不难分析出其形状，如图 8-16 所示（参见图 8-14b）。

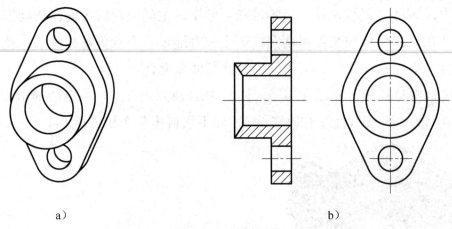

a）   b）

图 8-16   填料压盖

五、归纳总结

经过以上分析，最后再围绕齿轮泵的工作原理、装配关系、各零件的结构形状等，结合所注尺寸、技术要求，将各部分联系起来，从而对装配体的完整结构有一个全面的认识。

素养提升

你们都是朝气蓬勃的年轻人，青年兴则国家兴，青年强则国家强。青年一代有理想、有本领、有担当，国家就有前途，民族就有希望。书山有路勤为径，学海无涯苦作舟。希望你们不忘初心、牢记使命，注重品德与技能、知识与能力、综合素质与综合职业能力的培养。希望你们熟练掌握制图课所学重点内容，注重细节，精益求精，执着专注，努力掌握一手过硬的制图基本功，为中国制造的强国梦做出应有的贡献。

建议同学们：打开百度App，搜索央视综合频道《大国工匠》，选看第八集。

附　　录

附录A　螺　纹

表A-1　普通螺纹直径、螺距与公差带（摘自GB/T 193—2003、GB/T 197—2018）　　（单位：mm）

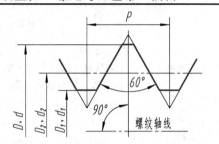

D—内螺纹大径（公称直径）
d—外螺纹大径（公称直径）
D_2—内螺纹中径
d_2—外螺纹中径
D_1—内螺纹小径
d_1—外螺纹小径
P—螺距

标记示例：

M16-6e（粗牙普通外螺纹、公称直径 d=16mm、螺距 P=2mm、中径及大径公差带均为6e、中等旋合长度、右旋）

M20×2-6G-LH（细牙普通内螺纹、公称直径 D=20mm、螺距 P=2mm、中径及小径公差带均为6G、中等旋合长度、左旋）

公称直径（D、d）			螺　距（P）	
第一系列	第二系列	第三系列	粗　牙	细　牙
4	—	—	0.7	0.5
5	—	—	0.8	
6	—	—	1	0.75
—	7	—		
8	—	—	1.25	1、0.75
10	—	—	1.5	1.25、1、0.75
12	—	—	1.75	1.25、1
—	14	—	2	1.5、1.25、1
—	—	15	—	1.5、1
16	—	—	2	
—	18	—		
20	—	—	2.5	
—	22	—		2、1.5、1
24	—	—	3	
—	—	25	—	
—	27	—	3	
30	—	—	3.5	（3）、2、1.5、1
—	33	—		（3）、2、1.5
—	—	35	—	1.5
36	—	—	4	3、2、1.5
—	39	—		

螺纹种类	精度	外螺纹的推荐公差带			内螺纹的推荐公差带		
		S	N	L	S	N	L
普通螺纹	精密	（3h4h）	（4g） *4h	（5g4g） （5h4h）	4H	5H	6H
	中等	（5g6g） （5h6h）	*6e、*6f 〔6g〕、6h	（7e6e） （7g6g） （7h6h）	（5G） *5H	*6G 〔6H〕	（7G） *7H

注：1. 优先选用第一系列直径，其次选择第二系列直径，最后选择第三系列直径。尽可能地避免选用括号内的螺距。

　　2. 公差带优先选用顺序为：带*的公差带、一般字体公差带、括号内公差带。紧固件螺纹采用方框内的公差带。

　　3. 精度选用原则：精密——用于精密螺纹，中等——用于一般用途螺纹。

表 A-2　管螺纹

55° 密封管螺纹（摘自 GB/T 7306.1、7306.2—2000）　　　　　55° 非密封管螺纹（摘自 GB/T 7307—2001）

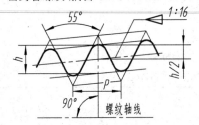

标记示例：

R₁1/2（尺寸代号 1/2，与圆柱内螺纹相配合的右旋圆锥外螺纹）　　　　**G1/2LH**（尺寸代号 1/2，左旋内螺纹）

Rc1/2LH（尺寸代号 1/2，左旋圆锥内螺纹）　　　　　　　　　　　　**G1/2A**（尺寸代号 1/2，A 级右旋外螺纹）

尺寸代号	大径 d、D /mm	中径 d_2、D_2 /mm	小径 d_1、D_1 /mm	螺距 P /mm	牙高 h /mm	每 25.4 mm 内的牙数 n
1/4	13.157	12.301	11.445	1.337	0.856	19
3/8	16.662	15.806	14.950			
1/2	20.955	19.793	18.631	1.814	1.162	14
3/4	26.441	25.279	24.117			
1	33.249	31.770	30.291	2.309	1.479	11
1¼	41.910	40.431	38.952			
1½	47.803	46.324	44.845			
2	59.614	58.135	56.656			
2½	75.184	73.705	72.226			
3	87.884	86.405	84.926			

附录B　常用的标准件

表 B-1　六角头螺栓　　　　　　　　（单位：mm）

六角头螺栓　C 级（摘自 GB/T 5780—2016）　　　　　六角头螺栓　全螺纹　C 级（摘自 GB/T 5781—2016）

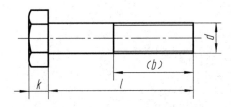 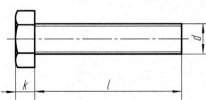 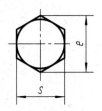

标记示例：

螺栓　GB/T 5780　M20×100（螺纹规格为 M20、公称长度 l=100mm、性能等级为 4.8 级、表面不经处理、产品等级为 C 级的六角头螺栓）

螺纹规格 d		M5	M6	M8	M10	M12	M16	M20	M24	M30	M36	M42
b 参考	$l_{公称}$≤125	16	18	22	26	30	38	46	54	66	—	—
	125<$l_{公称}$≤200	22	24	28	32	36	44	52	60	72	84	96
	$l_{公称}$>200	35	37	41	45	49	57	65	73	85	97	109
$k_{公称}$		3.5	4.0	5.3	6.4	7.5	10	12.5	15	18.7	22.5	26
s_{max}		8	10	13	16	18	24	30	36	46	55	65
e_{min}		8.63	10.89	14.2	17.59	19.85	26.17	32.95	39.55	50.85	60.79	71.3
l 范围	GB/T 5780	25~50	30~60	40~80	45~100	55~120	65~160	80~200	100~240	120~300	140~360	180~420
	GB/T 5781	10~50	12~60	16~80	20~100	25~120	30~160	40~200	50~240	60~300	70~360	80~420
$l_{公称}$		10、12、16、20~65（5 进位）、70~160（10 进位）、180、200、220~420（20 进位）										

表 B-2　1 型六角螺母　**C 级**（摘自 GB/T 41—2016）　　　　（单位：mm）

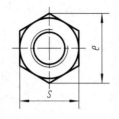

标记示例：

螺母　GB/T 41　M10

（螺纹规格为 M10、性能等级为 5 级、表面不经处理、产品等级为 C 级的 1 型六角螺母）

螺纹规格 D	M5	M6	M8	M10	M12	M16	M20	M24	M30	M36	M42	M48	M56
s_{max}	8	10	13	16	18	24	30	36	46	55	65	75	85
e_{min}	8.63	10.89	14.20	17.59	19.85	26.17	32.95	39.55	50.85	60.79	71.3	82.6	93.56
m_{max}	5.6	6.4	7.9	9.5	12.2	15.9	19	22.3	26.4	31.9	34.9	38.9	45.9

表 B-3　垫圈　　　　　　　　　　　　　　　　　　　　　　（单位：mm）

平垫圈　A 级（摘自 GB/T 97.1—2002）　　　　平垫圈　C 级（摘自 GB/T 95—2002）

平垫圈　倒角型　A 级（摘自 GB/T 97.2—2002）　　标准型弹簧垫圈（摘自 GB/T 93—1987）

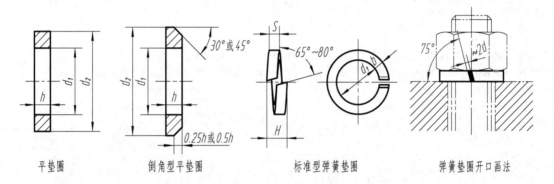

平垫圈　　　　　倒角型平垫圈　　　　标准型弹簧垫圈　　　　弹簧垫圈开口画法

标记示例：

垫圈　GB/T 95　8（标准系列、公称规格 8mm、硬度等级为 100HV 级、不经表面处理，产品等级为 C 级的平垫圈）

垫圈　GB/T 93　10（规格 10mm、材料为 65Mn、表面氧化的标准型弹簧垫圈）

公称尺寸 d(螺纹规格)		4	5	6	8	10	12	16	20	24	30	36	42	48
GB/T 97.1—2002（A 级）	d_1	4.3	5.3	6.4	8.4	10.5	13	17	21	25	31	37	45	52
	d_2	9	10	12	16	20	24	30	37	44	56	66	78	92
	h	0.8	1	1.6	1.6	2	2.5	3	3	4	4	5	8	8
GB/T 97.2—2002（A 级）	d_1	—	5.3	6.4	8.4	10.5	13	17	21	25	31	37	45	52
	d_2	—	10	12	16	20	24	30	37	44	56	66	78	92
	h	—	1	1.6	1.6	2	2.5	3	3	4	4	5	8	8
GB/T 95—2002（C 级）	d_1	4.5	5.5	6.6	9	11	13.5	17.5	22	26	33	39	45	52
	d_2	9	10	12	16	20	24	30	37	44	56	66	78	92
	h	0.8	1	1.6	1.6	2	2.5	3	3	4	4	5	8	8
GB/T 93—1987	d_{1min}	4.1	5.1	6.1	8.1	10.2	12.2	16.2	20.2	24.5	30.5	36.5	42.5	48.5
	$S=b$	1.1	1.3	1.6	2.1	2.6	3.1	4.1	5	6	7.5	9	10.5	12
	H_{max}	2.75	3.25	4	5.25	6.5	7.75	10.25	12.5	15	18.75	22.5	26.25	30

注：1. A 级适用于精装配系列，C 级适用于中等精度装配系列。

　　2. C 级垫圈没有 $Ra3.2\ \mu m$ 和去毛刺的要求。

表 **B-4** 平键及键槽各部分尺寸（摘自 GB/T 1095、1096—2003）　　　　（单位：mm）

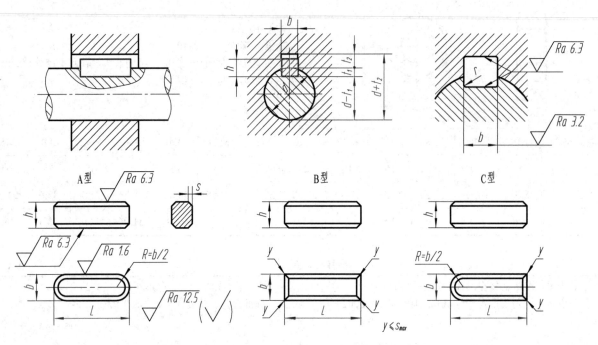

A 型　　　　B 型　　　　C 型

标记示例：

GB/T 1096 键 16×10×100（普通 A 型平键、宽度 b=16mm、高度 h=10mm、长度 L=100mm）

GB/T 1096 键 B16×10×100（普通 B 型平键、宽度 b=16mm、高度 h=10mm、长度 L=100mm）

GB/T 1096 键 C16×10×100（普通 C 型平键、宽度 b=16mm、高度 h=10mm、长度 L=100mm）

键		键　槽										
		宽　度 b						深　度				半径 r
键尺寸 $b×h$	标准长度范围 L	基本尺寸 b	极 限 偏 差					轴 t_1		毂 t_2		
			正常联结		紧密联结	松联结		基本尺寸	极限偏差	基本尺寸	极限偏差	
			轴 N9	毂 JS9	轴和毂 P9	轴 H9	毂 D10					最小	最大
4×4	8～45	4	0 −0.030	±0.015	−0.012 −0.042	+0.030 0	+0.078 +0.030	2.5	+0.1 0	1.8	+0.1 0	0.08	0.16
5×5	10～56	5						3.0		2.3			
6×6	14～70	6						3.5		2.8		0.16	0.25
8×7	18～90	8	0 −0.036	±0.018	−0.015 −0.051	+0.036 0	+0.098 +0.040	4.0		3.3			
10×8	22～110	10						5.0		3.3			
12×8	28～140	12	0 −0.043	±0.0215	−0.018 −0.061	+0.043 0	+0.120 +0.050	5.0		3.3			
14×9	36～160	14						5.5		3.8		0.25	0.40
16×10	45～180	16						6.0	+0.2 0	4.3	+0.2 0		
18×11	50～200	18						7.0		4.4			
20×12	56～220	20	0 −0.052	±0.026	−0.022 −0.074	+0.052 0	+0.149 +0.065	7.5		4.9			
22×14	63～250	22						9.0		5.4		0.40	0.60
25×14	70～280	25						9.0		5.4			
28×16	80～320	28						10		6.4			

L 系列　8～22（2 进位）、25、28、32、36、40、45、50、56、63、70～110（10 进位）、125、140～220（20 进位）、250、280、320

表 B-5　圆柱销　不淬硬钢和奥氏体不锈钢（摘自 GB/T 119.1—2000）　　（单位：mm）

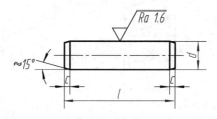

标记示例：

　销　GB/T 119.1　10 m6×50（公称直径 d=10mm、公差为 m6、公称长度 l=50mm、材料为钢、不经淬火、不经表面处理的圆柱销）

　销　GB/T 119.1　6 m6×30–A1（公称直径 d=6mm、公差为 m6、公称长度 l=30mm、材料为 A1 组奥氏体不锈钢、表面简单处理的圆柱销）

$d_{公称}$	2	2.5	3	4	5	6	8	10	12	16	20	25
$c\approx$	0.35	0.4	0.5	0.63	0.8	1.2	1.6	2.0	2.5	3.0	3.5	4.0
$l_{范围}$	6~20	6~24	8~30	8~40	10~50	12~60	14~80	18~95	22~140	26~180	35~200	50~200
$l_{公称}$	6~32（2 进位）、35~100（5 进位）、120~200（20 进位）（公称长度大于 200，按 20 递增）											

表 B-6　圆锥销（摘自 GB/T 117—2000）　　（单位：mm）

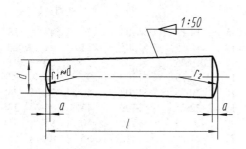

A 型（磨削）：锥面表面粗糙度 Ra=0.8μm

B 型（切削或冷镦）：锥面表面粗糙度 Ra=3.2μm

$$r_2\approx \frac{a}{2}+d+\frac{(0.021)^2}{8a}$$

标记示例：

　销　GB/T 117　6×30（公称直径 d=6mm、公称长度 l=30mm、材料为 35 钢、热处理硬度 28~38HRC、表面氧化处理的 A 型圆锥销）

$d_{公称}$	2	2.5	3	4	5	6	8	10	12	16	20	25
$a\approx$	0.25	0.3	0.4	0.5	0.63	0.8	1.0	1.2	1.6	2.0	2.5	3.0
$l_{范围}$	10~35	10~35	12~45	14~55	18~60	22~90	22~120	26~160	32~180	40~200	45~200	50~200
$l_{公称}$	10~32（2 进位）、35~100（5 进位）、120~200（20 进位）（公称长度大于 200，按 20 递增）											

表 B-7 滚动轴承

深沟球轴承(摘自 GB/T 276—2013)

标记示例:

滚动轴承 6310 GB/T 276—2013

(深沟球轴承、内径 d=50mm、直径系列代号为 3)

圆锥滚子轴承(摘自 GB/T 297—2015)

标记示例:

滚动轴承 30212 GB/T 297—2015

(圆锥滚子轴承、内径 d=60mm、宽度系列代号为 0,直径系列代号为 2)

推力球轴承(摘自 GB/T 301—2015)

标记示例:

滚动轴承 51305 GB/T 301—2015

(推力球轴承、内径 d=25mm、高度系列代号为 1,直径系列代号为 3)

轴承型号	尺寸/mm			轴承型号	尺寸/mm					轴承型号	尺寸/mm			
	d	D	B		d	D	B	C	T		d	D	T	D_1
尺寸系列〔(0)2〕				尺寸系列〔02〕						尺寸系列〔12〕				
6202	15	35	11	30203	17	40	12	11	13.25	51202	15	32	12	17
6203	17	40	12	30204	20	47	14	12	15.25	51203	17	35	12	19
6204	20	47	14	30205	25	52	15	13	16.25	51204	20	40	14	22
6205	25	52	15	30206	30	62	16	14	17.25	51205	25	47	15	27
6206	30	62	16	30207	35	72	17	15	18.25	51206	30	52	16	32
6207	35	72	17	30208	40	80	18	16	19.75	51207	35	62	18	37
6208	40	80	18	30209	45	85	19	16	20.75	51208	40	68	19	42
6209	45	85	19	30210	50	90	20	17	21.75	51209	45	73	20	47
6210	50	90	20	30211	55	100	21	18	22.75	51210	50	78	22	52
6211	55	100	21	30212	60	110	22	19	23.75	51211	55	90	25	57
6212	60	110	22	30213	65	120	23	20	24.75	51212	60	95	26	62
尺寸系列〔(0)3〕				尺寸系列〔03〕						尺寸系列〔13〕				
6302	15	42	13	30302	15	42	13	11	14.25	51304	20	47	18	22
6303	17	47	14	30303	17	47	14	12	15.25	51305	25	52	18	27
6304	20	52	15	30304	20	52	15	13	16.25	51306	30	60	21	32
6305	25	62	17	30305	25	62	17	15	18.25	51307	35	68	24	37
6306	30	72	19	30306	30	72	19	16	20.75	51308	40	78	26	42
6307	35	80	21	30307	35	80	21	18	22.75	51309	45	85	28	47
6308	40	90	23	30308	40	90	23	20	25.25	51310	50	95	31	52
6309	45	100	25	30309	45	100	25	22	27.25	51311	55	105	35	57
6310	50	110	27	30310	50	110	27	23	29.25	51312	60	110	35	62
6311	55	120	29	30311	55	120	29	25	31.50	51313	65	115	36	67
6312	60	130	31	30312	60	130	31	26	33.50	51314	70	125	40	72
尺寸系列〔(0)4〕				尺寸系列〔13〕						尺寸系列〔14〕				
6403	17	62	17	31305	25	62	17	13	18.25	51405	25	60	24	27
6404	20	72	19	31306	30	72	19	14	20.75	51406	30	70	28	32
6405	25	80	21	31307	35	80	21	15	22.75	51407	35	80	32	37
6406	30	90	23	31308	40	90	23	17	25.25	51408	40	90	36	42
6407	35	100	25	31309	45	100	25	18	27.25	51409	45	100	39	47
6408	40	110	27	31310	50	110	27	19	29.25	51410	50	110	43	52
6409	45	120	29	31311	55	120	29	21	31.50	51411	55	120	48	57
6410	50	130	31	31312	60	130	31	22	33.50	51412	60	130	51	62
6411	55	140	33	31313	65	140	33	23	36.00	51413	65	140	56	68
6412	60	150	35	31314	70	150	35	25	38.00	51414	70	150	60	73
6413	65	160	37	31315	75	160	37	26	40.00	51415	75	160	65	78

注:圆括号中的尺寸系列代号在轴承型号中省略。

附录C　极限与配合

表C-1　标准公差数值（摘自 GB/T 1800.1—2020）

公称尺寸 mm		标　准　公　差　等　级																	
		IT1	IT2	IT3	IT4	IT5	IT6	IT7	IT8	IT9	IT10	IT11	IT12	IT13	IT14	IT15	IT16	IT17	IT18
大于	至	标　准　公　差　数　值																	
		μm											mm						
—	3	0.8	1.2	2	3	4	6	10	14	25	40	60	0.1	0.14	0.25	0.4	0.6	1	1.4
3	6	1	1.5	2.5	4	5	8	12	18	30	48	75	0.12	0.18	0.3	0.48	0.75	1.2	1.8
6	10	1	1.5	2.5	4	6	9	15	22	36	58	90	0.15	0.22	0.36	0.58	0.9	1.5	2.2
10	18	1.2	2	3	5	8	11	18	27	43	70	110	0.18	0.27	0.43	0.7	1.1	1.8	2.7
18	30	1.5	2.5	4	6	9	13	21	33	52	84	130	0.21	0.33	0.52	0.84	1.3	2.1	3.3
30	50	1.5	2.5	4	7	11	16	25	39	62	100	160	0.25	0.39	0.62	1	1.6	2.5	3.9
50	80	2	3	5	8	13	19	30	46	74	120	190	0.3	0.46	0.74	1.2	1.9	3	4.6
80	120	2.5	4	6	10	15	22	35	54	87	140	220	0.35	0.54	0.87	1.4	2.2	3.5	5.4
120	180	3.5	5	8	12	18	25	40	63	100	160	250	0.4	0.63	1	1.6	2.5	4	6.3
180	250	4.5	7	10	14	20	29	46	72	115	185	290	0.46	0.72	1.15	1.85	2.9	4.6	7.2
250	315	6	8	12	16	23	32	52	81	130	210	320	0.52	0.81	1.3	2.1	3.2	5.2	8.1
315	400	7	9	13	18	25	36	57	89	140	230	360	0.57	0.89	1.4	2.3	3.6	5.7	8.9
400	500	8	10	15	20	27	40	63	97	155	250	400	0.63	0.97	1.55	2.5	4	6.3	9.7
500	630	9	11	16	22	32	44	70	110	175	280	440	0.7	1.1	1.75	2.8	4.4	7	11
630	800	10	13	18	25	36	50	80	125	200	320	500	0.8	1.25	2	3.2	5	8	12.5
800	1000	11	15	21	28	40	56	90	140	230	360	560	0.9	1.4	2.3	3.6	5.6	9	14
1000	1250	13	18	24	33	47	66	105	165	260	420	660	1.05	1.65	2.6	4.2	6.6	10.5	16.5
1250	1600	15	21	29	39	55	78	125	195	310	500	780	1.25	1.95	3.1	5	7.8	12.5	19.5
1600	2000	18	25	35	46	65	92	150	230	370	600	920	1.5	2.3	3.7	6	9.2	15	23
2000	2500	22	30	41	55	78	110	175	280	440	700	1100	1.75	2.8	4.4	7	11	17.5	28
2500	3150	26	36	50	68	96	135	210	330	540	860	1350	2.1	3.3	5.4	8.6	13.5	21	33

表 C-2　轴的基本偏差

公称尺寸 mm		上极限偏差, es 所有标准公差等级												基本偏 IT5和IT6	IT7	IT8
大于	至	a[①]	b[①]	c	cd	d	e	ef	f	fg	g	h	js	j		
—	3	-270	-140	-60	-34	-20	-14	-10	-6	-4	-2	0		-2	-4	-6
3	6	-270	-140	-70	-46	-30	-20	-14	-10	-6	-4	0		-2	-4	
6	10	-280	-150	-80	-56	-40	-25	-18	-13	-8	-5	0		-2	-5	
10	14	-290	-150	-95	-70	-50	-32	-23	-16	-10	-6	0	偏差=±ITn/2，式中，n是标准公差等级数	-3	-6	
14	18															
18	24	-300	-160	-110	-85	-65	-40	-25	-20	-12	-7	0		-4	-8	
24	30															
30	40	-310	-170	-120	-100	-80	-50	-35	-25	-15	-9	0		-5	-10	
40	50	-320	-180	-130												
50	65	-340	-190	-140		-100	-60		-30		-10	0		-7	-12	
65	80	-360	-200	-150												
80	100	-380	-220	-170		-120	-72		-36		-12	0		-9	-15	
100	120	-410	-240	-180												
120	140	-460	-260	-200		-145	-85		-43		-14	0		-11	-18	
140	160	-520	-280	-210												
160	180	-580	-310	-230												
180	200	-660	-340	-240		-170	-100		-50		-15	0		-13	-21	
200	225	-740	-380	-260												
225	250	-820	-420	-280												
250	280	-920	-480	-300		-190	-110		-56		-17	0		-16	-26	
280	315	-1050	-540	-330												
315	355	-1200	-600	-360		-210	-125		-62		-18	0		-18	-28	
355	400	-1350	-680	-400												
400	450	-1500	-760	-440		-230	-135		-68		-20	0		-20	-32	
450	500	-1650	-840	-480												

① 公称尺寸≤1mm 时，不使用基本偏差 a 和 b。

数值（摘自 GB/T 1800.1—2020）　　　　　　　　　　　　　　　（基本偏差单位为 μm）

差　　数　　值

下　极　限　偏　差，ei

IT4至IT7	≤IT3 >IT7	所有标准公差等级													
k	k	m	n	p	r	s	t	u	v	x	y	z	za	zb	zc
0	0	+2	+4	+6	+10	+14		+18		+20		+26	+32	+40	+60
+1	0	+4	+8	+12	+15	+19		+23		+28		+35	+42	+50	+80
+1	0	+6	+10	+15	+19	+23		+28		+34		+42	+52	+67	+97
+1	0	+7	+12	+18	+23	+28		+33		+40		+50	+64	+90	+130
								+39	+45			+60	+77	+108	+150
+2	0	+8	+15	+22	+28	+35		+41	+47	+54	+63	+73	+98	+136	+188
							+41	+48	+55	+64	+75	+88	+118	+160	+218
+2	0	+9	+17	+26	+34	+43	+48	+60	+68	+80	+94	+112	+148	+200	+274
							+54	+70	+81	+97	+114	+136	+180	+242	+325
+2	0	+11	+20	+32	+41	+53	+66	+87	+102	+122	+144	+172	+226	+300	+405
					+43	+59	+75	+102	+120	+146	+174	+210	+274	+360	+480
+3	0	+13	+23	+37	+51	+71	+91	+124	+146	+178	+214	+258	+335	+445	+585
					+54	+79	+104	+144	+172	+210	+254	+310	+400	+525	+690
+3	0	+15	+27	+43	+63	+92	+122	+170	+202	+248	+300	+365	+470	+620	+800
					+65	+100	+134	+190	+228	+280	+340	+415	+535	+700	+900
					+68	+108	+146	+210	+252	+310	+380	+465	+600	+780	+1000
+4	0	+17	+31	+50	+77	+122	+166	+236	+284	+350	+425	+520	+670	+880	+1150
					+80	+130	+180	+258	+310	+385	+470	+575	+740	+960	+1250
					+84	+140	+196	+284	+340	+425	+520	+640	+820	+1050	+1350
+4	0	+20	+34	+56	+94	+158	+218	+315	+385	+475	+580	+710	+920	+1200	+1550
					+98	+170	+240	+350	+425	+525	+650	+790	+1000	+1300	+1700
+4	0	+21	+37	+62	+108	+190	+268	+390	+475	+590	+730	+900	+1150	+1500	+1900
					+114	+208	+294	+435	+530	+660	+820	+1000	+1300	+1650	+2100
+5	0	+23	+40	+68	+126	+232	+330	+490	+595	+740	+920	+1100	+1450	+1850	+2400
					+132	+252	+360	+540	+660	+820	+1000	+1250	+1600	+2100	+2600

表 C-3　孔的基本偏差

公称尺寸 mm		下极限偏差, EI（所有标准公差等级）												基 本 偏						
														IT6	IT7	IT8	≤IT8	>IT8	≤IT8	>IT8
大于	至	A①	B①	C	CD	D	E	EF	F	FG	G	H	JS	J			K③④		M②③④	
—	3	+270	+140	+60	+34	+20	+14	+10	+6	+4	+2	0		+2	+4	+6	0	0	-2	-2
3	6	+270	+140	+70	+46	+30	+20	+14	+10	+6	+4	0		+5	+6	+10	-1+Δ		-4+Δ	-4
6	10	+280	+150	+80	+56	+40	+25	+18	+13	+8	+5	0		+5	+8	+12	-1+Δ		-6+Δ	-6
10	14	+290	+150	+95	+70	+50	+32	+23	+16	+10	+6	0		+6	+10	+15	-1+Δ		-7+Δ	-7
14	18	+290	+150	+95	+70	+50	+32	+23	+16	+10	+6	0		+6	+10	+15	-1+Δ		-7+Δ	-7
18	24	+300	+160	+110	+85	+65	+40	+28	+20	+12	+7	0		+8	+12	+20	-2+Δ		-8+Δ	-8
24	30	+300	+160	+110	+85	+65	+40	+28	+20	+12	+7	0	偏差=±ITn/2，式中 n 为标准公差等级数	+8	+12	+20	-2+Δ		-8+Δ	-8
30	40	+310	+170	+120	+100	+80	+50	+35	+25	+15	+9	0		+10	+14	+24	-2+Δ		-9+Δ	-9
40	50	+320	+180	+130	+100	+80	+50	+35	+25	+15	+9	0		+10	+14	+24	-2+Δ		-9+Δ	-9
50	65	+340	+190	+140		+100	+60		+30		+10	0		+13	+18	+28	-2+Δ		-11+Δ	-11
65	80	+360	+200	+150		+100	+60		+30		+10	0		+13	+18	+28	-2+Δ		-11+Δ	-11
80	100	+380	+220	+170		+120	+72		+36		+12	0		+16	+22	+34	-3+Δ		-13+Δ	-13
100	120	+410	+240	+180		+120	+72		+36		+12	0		+16	+22	+34	-3+Δ		-13+Δ	-13
120	140	+460	+260	+200		+145	+85		+43		+14	0		+18	+26	+41	-3+Δ		-15+Δ	-15
140	160	+520	+280	+210		+145	+85		+43		+14	0		+18	+26	+41	-3+Δ		-15+Δ	-15
160	180	+580	+310	+230		+145	+85		+43		+14	0		+18	+26	+41	-3+Δ		-15+Δ	-15
180	200	+660	+340	+240		+170	+100		+50		+15	0		+22	+30	+47	-4+Δ		-17+Δ	-17
200	225	+740	+380	+260		+170	+100		+50		+15	0		+22	+30	+47	-4+Δ		-17+Δ	-17
225	250	+820	+420	+280		+170	+100		+50		+15	0		+22	+30	+47	-4+Δ		-17+Δ	-17
250	280	+920	+480	+300		+190	+110		+56		+17	0		+25	+36	+55	-4+Δ		-20+Δ	-20
280	315	+1050	+540	+330		+190	+110		+56		+17	0		+25	+36	+55	-4+Δ		-20+Δ	-20
315	355	+1200	+600	+360		+210	+125		+62		+18	0		+29	+39	+60	-4+Δ		-21+Δ	-21
355	400	+1350	+680	+400		+210	+125		+62		+18	0		+29	+39	+60	-4+Δ		-21+Δ	-21
400	450	+1500	+760	+440		+230	+135		+68		+20	0		+33	+43	+66	-5+Δ		-23+Δ	-23
450	500	+1650	+840	+480		+230	+135		+68		+20	0		+33	+43	+66	-5+Δ		-23+Δ	-23

① 公称尺寸≤1mm 时，不适用基本偏差 A 和 B，不适用标准公差等级大于 IT8 的基本偏差 N。

② 特例：对于公称尺寸大于 250~315mm 的公差带代号 M6，$ES=-9\mu m$（计算结果不是-11μm）。

③ 为确定 K 和 M 的值，见 GB/T 1800.1—2020 中的 4.3.2.5。

④ 对于 Δ 值，见本表右边的最后六列。

数值（摘自 GB/T 1800.1—2020） （基本偏差和 Δ 值的单位为 μm）

差 数 值															Δ 值					
上 极 限 偏 差，ES																				
≤IT8	>IT8	≤IT7	>IT7 的标准公差等级												标准公差等级					
N①,③		P 至 ZC③	P	R	S	T	U	V	X	Y	Z	ZA	ZB	ZC	IT3	IT4	IT5	IT6	IT7	IT8
−4	−4	在 > IT7 的标准公差等级的基本偏差数值上增加一个 Δ 值	−6	−10	−14		−18		−20		−26	−32	−40	−60	0	0	0	0	0	0
−8+Δ	0		−12	−15	−19		−23		−28		−35	−42	−50	−80	1	1.5	1	3	4	6
−10+Δ	0		−15	−19	−23		−28		−34		−42	−52	−67	−97	1	1.5	2	3	6	7
−12+Δ	0		−18	−23	−28		−33		−40		−50	−64	−90	−130	1	2	3	3	7	9
								−39	−45		−60	−77	−108	−150						
−15+Δ	0		−22	−28	−35		−41	−47	−54	−63	−73	−98	−136	−188	1.5	2	3	4	8	12
						−41	−48	−55	−64	−75	−88	−118	−160	−218						
−17+Δ	0		−26	−34	−43	−48	−60	−68	−80	−94	−112	−148	−200	−274	1.5	3	4	5	9	14
						−54	−70	−81	−97	−114	−136	−180	−242	−325						
−20+Δ	0		−32	−41	−53	−66	−87	−102	−122	−144	−172	−226	−300	−405	2	3	5	6	11	16
				−43	−59	−75	−102	−120	−146	−174	−210	−274	−360	−480						
−23+Δ	0		−37	−51	−71	−91	−124	−146	−178	−214	−258	−335	−445	−585	2	4	5	7	13	19
				−54	−79	−104	−144	−172	−210	−254	−310	−400	−525	−690						
−27+Δ	0		−43	−63	−92	−122	−170	−202	−248	−300	−365	−470	−620	−800	3	4	6	7	15	23
				−65	−100	−134	−190	−228	−280	−340	−415	−535	−700	−900						
				−68	−108	−146	−210	−252	−310	−380	−465	−600	−780	−1000						
−31+Δ	0		−50	−77	−122	−166	−236	−284	−350	−425	−520	−670	−880	−1150	3	4	6	9	17	26
				−80	−130	−180	−258	−310	−385	−470	−575	−740	−960	−1250						
				−84	−140	−196	−284	−340	−425	−520	−640	−820	−1050	−1350						
−34+Δ	0		−56	−94	−158	−218	−315	−385	−475	−580	−710	−920	−1200	−1550	4	4	7	9	20	29
				−98	−170	−240	−350	−425	−525	−650	−790	−1000	−1300	−1700						
−37+Δ	0		−62	−108	−190	−268	−390	−475	−590	−730	−900	−1150	−1500	−1900	4	5	7	11	21	32
				−114	−208	−294	−435	−530	−660	−820	−1000	−1300	−1650	−2100						
−40+Δ	0		−68	−126	−232	−330	−490	−595	−740	−920	−1100	−1450	−1850	−2400	5	5	7	13	23	34
				−132	−252	−360	−540	−660	−820	−1000	−1250	−1600	−2100	−2600						

表 C-4　优先选用的轴的公差带（摘自 GB/T 1800.2—2020）　　　　（偏差单位为 µm）

代号	a	b	c	d	e	f	g	h				js	k	n	p	r	s
公称尺寸 mm	公差等级																
大于　至	11	11	11	9	8	7	6	6	7	9	11	6	6	6	6	6	6
— ～ 3	−270 / −330	−140 / −200	−60 / −120	−20 / −45	−14 / −28	−6 / −16	−2 / −8	0 / −6	0 / −10	0 / −25	0 / −60	±3	+6 / 0	+10 / +4	+12 / +6	+16 / +10	+20 / +14
3 ～ 6	−270 / −345	−140 / −215	−70 / −145	−30 / −60	−20 / −38	−10 / −22	−4 / −12	0 / −8	0 / −12	0 / −30	0 / −75	±4	+9 / +1	+16 / +8	+20 / +12	+23 / +15	+27 / +19
6 ～ 10	−280 / −370	−150 / −240	−80 / −170	−40 / −76	−25 / −47	−13 / −28	−5 / −14	0 / −9	0 / −15	0 / −36	0 / −90	±4.5	+10 / +1	+19 / +10	+24 / +15	+28 / +19	+32 / +23
10 ～ 18	−290 / −400	−150 / −260	−95 / −205	−50 / −93	−32 / −59	−16 / −34	−6 / −17	0 / −11	0 / −18	0 / −43	0 / −110	±5.5	+12 / +1	+23 / +12	+29 / +18	+34 / +23	+39 / +28
18 ～ 30	−300 / −430	−160 / −290	−110 / −240	−65 / −117	−40 / −73	−20 / −41	−7 / −20	0 / −13	0 / −21	0 / −52	0 / −130	±6.5	+15 / +2	+28 / +15	+35 / +22	+41 / +28	+48 / +35
30 ～ 40	−310 / −470	−170 / −330	−120 / −280	−80 / −142	−50 / −89	−25 / −50	−9 / −25	0 / −16	0 / −25	0 / −62	0 / −160	±8	+18 / +2	+33 / +17	+42 / +26	+50 / +34	+59 / +43
40 ～ 50	−320 / −480	−180 / −340	−130 / −290														
50 ～ 65	−340 / −530	−190 / −380	−140 / −330	−100 / −174	−60 / −106	−30 / −60	−10 / −29	0 / −19	0 / −30	0 / −74	0 / −190	±9.5	+21 / +2	+39 / +20	+51 / +32	+60 / +41	+72 / +53
65 ～ 80	−360 / −550	−200 / −390	−150 / −340													+62 / +43	+78 / +59
80 ～ 100	−380 / −600	−220 / −440	−170 / −390	−120 / −207	−72 / −126	−36 / −71	−12 / −34	0 / −22	0 / −35	0 / −87	0 / −220	±11	+25 / +3	+45 / +23	+59 / +37	+73 / +51	+93 / +71
100 ～ 120	−410 / −630	−240 / −460	−180 / −400													+76 / +54	+101 / +79
120 ～ 140	−460 / −710	−260 / −510	−200 / −450	−145 / −245	−85 / −148	−43 / −83	−14 / −39	0 / −25	0 / −40	0 / −100	0 / −250	±12.5	+28 / +3	+52 / +27	+68 / +43	+88 / +63	+117 / +92
140 ～ 160	−520 / −770	−280 / −530	−210 / −460													+90 / +65	+125 / +100
160 ～ 180	−580 / −830	−310 / −560	−230 / −480													+93 / +68	+133 / +108
180 ～ 200	−660 / −950	−340 / −630	−240 / −530	−170 / −285	−100 / −172	−50 / −96	−15 / −44	0 / −29	0 / −46	0 / −115	0 / −290	±14.5	+33 / +4	+60 / +31	+79 / +50	+106 / +77	+151 / +122
200 ～ 225	−740 / −1030	−380 / −670	−260 / −550													+109 / +80	+159 / +130
225 ～ 250	−820 / −1110	−420 / −710	−280 / −570													+113 / +84	+169 / +140
250 ～ 280	−920 / −1240	−480 / −800	−300 / −620	−190 / −320	−110 / −191	−56 / −108	−17 / −49	0 / −32	0 / −52	0 / −130	0 / −320	±16	+36 / +4	+66 / +34	+88 / +56	+126 / +94	+190 / +158
280 ～ 315	−1050 / −1370	−540 / −860	−330 / −650													+130 / +98	+202 / +170
315 ～ 355	−1200 / −1560	−600 / −960	−360 / −720	−210 / −350	−125 / −214	−62 / −119	−18 / −54	0 / −36	0 / −57	0 / −140	0 / −360	±18	+40 / +4	+73 / +37	+98 / +62	+144 / +108	+226 / +190
355 ～ 400	−1350 / −1710	−680 / −1040	−400 / −760													+150 / +114	+244 / +208
400 ～ 450	−1500 / −1900	−760 / −1160	−440 / −840	−230 / −385	−135 / −232	−68 / −131	−20 / −60	0 / −40	0 / −63	0 / −155	0 / −400	±20	+45 / +5	+80 / +40	+108 / +68	+166 / +126	+272 / +232
450 ～ 500	−1650 / −2050	−840 / −1240	−480 / −880													+172 / +132	+292 / +252

194

表 C-5　优先选用的孔的公差带（摘自 GB/T 1800.2—2020）　　（偏差单位为 μm）

公称尺寸 mm 大于	至	A 11	B 11	C 11	D 10	E 9	F 8	G 7	H 7	H 8	H 9	H 11	JS 7	K 7	N 7	P 7	R 7	S 7
—	3	+330 / +270	+200 / +140	+120 / +60	+60 / +20	+39 / +14	+20 / +6	+12 / +2	+10 / 0	+14 / 0	+25 / 0	+60 / 0	±5	0 / -10	-4 / -14	-6 / -16	-10 / -20	-14 / -24
3	6	+345 / +270	+215 / +140	+145 / +70	+78 / +30	+50 / +20	+28 / +10	+16 / +4	+12 / 0	+18 / 0	+30 / 0	+75 / 0	±6	+3 / -9	-4 / -16	-8 / -20	-11 / -23	-15 / -27
6	10	+370 / +280	+240 / +150	+170 / +80	+98 / +40	+61 / +25	+35 / +13	+20 / +5	+15 / 0	+22 / 0	+36 / 0	+90 / 0	±7.5	+5 / -10	-4 / -19	-9 / -24	-13 / -28	-17 / -32
10	18	+400 / +290	+260 / +150	+205 / +95	+120 / +50	+75 / +32	+43 / +16	+24 / +6	+18 / 0	+27 / 0	+43 / 0	+110 / 0	±9	+6 / -12	-5 / -23	-11 / -29	-16 / -34	-21 / -39
18	30	+430 / +300	+290 / +160	+240 / +110	+149 / +65	+92 / +40	+53 / +20	+28 / +7	+21 / 0	+33 / 0	+52 / 0	+130 / 0	±10.5	+6 / -15	-7 / -28	-14 / -35	-20 / -41	-27 / -48
30	40	+470 / +310	+330 / +170	+280 / +120	+180 / +80	+112 / +50	+64 / +25	+34 / +9	+25 / 0	+39 / 0	+62 / 0	+160 / 0	±12.5	+7 / -18	-8 / -33	-17 / -42	-25 / -50	-34 / -59
40	50	+480 / +320	+340 / +180	+290 / +130														
50	65	+530 / +340	+380 / +190	+330 / +140	+220 / +100	+134 / +60	+76 / +30	+40 / +10	+30 / 0	+46 / 0	+74 / 0	+190 / 0	±15	+9 / -21	-9 / -39	-21 / -51	-30 / -60	-42 / -72
65	80	+550 / +360	+390 / +200	+340 / +150													-32 / -62	-48 / -78
80	100	+600 / +380	+440 / +220	+390 / +170	+260 / +120	+159 / +72	+90 / +36	+47 / +12	+35 / 0	+54 / 0	+87 / 0	+220 / 0	±17.5	+10 / -25	-10 / -45	-24 / -59	-38 / -73	-58 / -93
100	120	+630 / +410	+460 / +240	+400 / +180													-41 / -76	-66 / -101
120	140	+710 / +460	+510 / +260	+450 / +200	+305 / +145	+185 / +85	+106 / +43	+54 / +14	+40 / 0	+63 / 0	+100 / 0	+250 / 0	±20	+12 / -28	-12 / -52	-28 / -68	-48 / -88	-77 / -117
140	160	+770 / +520	+530 / +280	+460 / +210													-50 / -90	-85 / -125
160	180	+830 / +580	+560 / +310	+480 / +230													-53 / -93	-93 / -133
180	200	+950 / +660	+630 / +340	+530 / +240	+355 / +170	+215 / +100	+122 / +50	+61 / +15	+46 / 0	+72 / 0	+115 / 0	+290 / 0	±23	+13 / -33	-14 / -60	-33 / -79	-60 / -106	-105 / -151
200	225	+1030 / +740	+670 / +380	+550 / +260													-63 / -109	-113 / -159
225	250	+1110 / +820	+710 / +420	+570 / +280													-67 / -113	-123 / -169
250	280	+1240 / +920	+800 / +480	+620 / +300	+400 / +190	+240 / +110	+137 / +56	+69 / +17	+52 / 0	+81 / 0	+130 / 0	+320 / 0	±26	+16 / -36	-14 / -66	-36 / -88	-74 / -126	-138 / -190
280	315	+1370 / +1050	+860 / +540	+650 / +330													-78 / -130	-150 / -202
315	355	+1560 / +1200	+960 / +600	+720 / +360	+440 / +210	+265 / +125	+151 / +62	+75 / +18	+57 / 0	+89 / 0	+140 / 0	+360 / 0	±28.5	+17 / -40	-16 / -73	-41 / -98	-87 / -144	-169 / -226
355	400	+1710 / +1350	+1040 / +680	+760 / +400													-93 / -150	-187 / -244
400	450	+1900 / +1500	+1160 / +760	+840 / +440	+480 / +230	+290 / +135	+165 / +68	+83 / +20	+63 / 0	+97 / 0	+155 / 0	+400 / 0	±31.5	+18 / -45	-17 / -80	-45 / -108	-103 / -166	-209 / -272
450	500	+2050 / +1650	+1240 / +840	+880 / +480													-109 / -172	-229 / -292

参 考 文 献

[1] 机械设计手册编委会. 机械设计手册 [M]. 3 版. 北京：机械工业出版社，2009.

[2] 成大先. 机械设计手册 [M]. 6 版. 北京：化学工业出版社，2017.

[3] 梁德本，叶玉驹. 机械制图手册 [M]. 5 版. 北京：机械工业出版社，2017.

[4] 胡建生. 机械制图（多学时）[M]. 4 版. 北京：机械工业出版社，2020.

[5] 胡建生. 工程制图 [M]. 7 版. 北京：化学工业出版社，2021.

[6] 胡建生. 机械制图 [M]. 2 版. 北京：机械工业出版社，2021.

郑 重 声 明